光　速

——从地心说的覆灭到相对论的诞生

徐　晓　著

上海科学技术出版社

图书在版编目（ＣＩＰ）数据

光速 ：从地心说的覆灭到相对论的诞生 / 徐晓著
. -- 上海 ：上海科学技术出版社，2024.1
ISBN 978-7-5478-6389-3

Ⅰ．①光… Ⅱ．①徐… Ⅲ．①物理学－普及读物
Ⅳ．①O4-49

中国国家版本馆CIP数据核字(2023)第204150号

光速——从地心说的覆灭到相对论的诞生

徐 晓 著

上海世纪出版(集团)有限公司
上 海 科 学 技 术 出 版 社　出版、发行
(上海市闵行区号景路 159 弄 A 座 9F - 10F)
邮政编码 201101　　www.sstp.cn
浙江新华印刷技术有限公司印刷
开本 787×1092　1/16　印张 15.5
字数 225 千字
2024 年 1 月第 1 版　2024 年 1 月第 1 次印刷
ISBN 978 - 7 - 5478 - 6389 - 3/N・264
定价：78.00 元

本书如有缺页、错装或坏损等严重质量问题，请向印刷厂联系调换

序

光，在自然界中，是一个特别的存在。

我们知道许多古老的文明，都崇拜太阳神或月亮神，或者以光明神为至高神。以色列民族在其圣经"创世纪"中，也以光为上帝创造天地后在世间的第一个被造物。即使年幼的婴孩也喜爱光，知道光可以驱除黑暗及其带来的恐惧。

早在春秋时候，墨子就观察到"小孔倒立成像"等光学现象。由分析这些现象而产生的对光的本性的追寻，则在近代的科学史上起到了举足轻重的作用。17世纪中叶，近代科学发轫期间，关于光的本性的研究刚刚开始，就出现了波动和粒子两大派学说的对立和争论。这场争论持续了200年左右。这不仅大大推进了人类对光本身的认识，同时也不断更新对于物质世界的各个方面的重新认识。这是因为，在发现放射性现象之前，光学几乎是人类观察自然现象的主要窗口。

正是针对光的本性的研究，大大促进了物理学基础理论的发展。相对论和量子论的提出和演变，都离不开关于光的实验或理论研究中颠覆性的突破。这些突破所至，到20世纪30年代，光的波、粒二象性被完全确认，光量子学说最终确立。自那之后，光学作为物理学的一个重大的基础分支，其理论和实验诸方面，特别是它在许多重要的科学技术领域都开始了全面、波澜壮阔的发展，同时又为其他科学实验和应用领域提供了高、精、尖的技术基础支撑。目前大家熟知的一个例子，就是用来制造高元件密度半导体芯

片的紫外光刻技术。

为了推动光学科学和技术在中国的进一步发展,在重视基础研究的今天,国人开始认识到科学普及和科学文化(包括物理文化)的历史积淀的重要性。就像参天的大树只出现在特定环境的森林中一样,创新和突破离不开一定的氛围。对一个公司,对一个开发区,对一个社会都是如此。科学普及和科学文化(包括物理文化)历史积淀的作用,就在于创建和维护这个创新和突破所需的环境和氛围。

在这样的时代背景下,《光速——从地心说的覆灭到相对论的诞生》,作为一本关于光学科学和技术的有深度的科普书,得以面世。作者多年潜心写作,在阅读大量原始文献的基础上,选择了以光的传播速度为核心线索,从实践、实验和理论三个维度,对光速的首次测量到相对论诞生这段波诡云谲的历史进程,进行了生动的叙述和系统的梳理。

本书分5个部分,分别以罗默首测光速、布拉德利发现光行差、菲索的流水实验、麦克斯韦的电磁波预言、爱因斯坦的狭义相对论为中心,对相关历史背景、科学理论演化和突破性的实验作了生动有趣而又条理清楚的阐释和分析。

通过阅读本书,我们可以了解以下历史事实:罗默的光速测定,是伽利略开启的木星卫星观察相关实践和应用的一个意外;布拉德利的光行差,则是源于地心说和日心说的争论的另一个意外。这些工作的顺利开展,又都是以望远镜技术的进步为基础的。菲索的流水实验,是为研究波动光学发展带来的以太拖拽问题而开展的,而其实验技术又与波动光学的发展密不可分。麦克斯韦的电磁波预言,实现光学与电磁理论的统一;其后的实验验证,则是电磁学理论和实验的一次综合集成。狭义相对论是为了解决以太理论和当时的光学和电磁学实验结果的诸多矛盾而提出的,是洛伦兹、庞加莱和爱因斯坦等众多科学家长期探索的结果。

物理学是实验先行的科学。首先它当然离不开实验和观察;但是,在成熟的过程中,更离不开科学的理论的建立和抽象化、系统化。这是本书从字里行间反复透出的作者的意识指向,也正是物理文化乃至一般的科学文化的精神内核。

　　科学发展是一个连续的过程。其中巨大的突破固然重要,但是更离不开众多学者的累代叠进,科学共同体对当时关键问题的共同思考。这种连续性,当今的科普著作体现稍显不足;而本书则很好地表达了这种连续性。对这种连续性的认识的传播,则是科学文化建设的非常重要的方面,它可以潜移默化地影响人们对待科学工作和社会实践的态度。

　　"开卷有益",希望这本书能带给读者愉快的阅读体验和有深度的思考。

　　天高云阔,秋色缤纷。应作者徐晓所请,而作此序。

吴咏时

2023 年 10 月 8 日于犹他州盐湖城

目录

第 8、9 章导读

8　电磁相生

9　电磁波

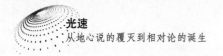

1 序章

缘　起

1990 年北京的夏天,非常炎热。我在研究生宿舍的正中央,摆一盆水,用来降温;然后,光着膀子,打开了门,开始抽起自己的春城烟来。

突然,有个帅哥带着个美女,假模假式地敲了敲我的门,然后就进屋来,问我的同学在不在。

那个同学住在我隔壁,估计是去实验室了,没有回来,隔壁寝室也锁着门。我只好忙不迭地穿上背心,让二位坐下来等一等,然后在袅袅的烟雾中,隔着水盆,跟他们聊天。

闲聊一阵,终于弄清了来意。这女孩是军艺的学生,从家里返校,一个人从火车站扛着大包小包坐地铁、坐公交,自然非常不方便。我的同学那天正好去火车站送人,回来时空着手,看见这情景,就当了一回搬运工,帮了把手,把女孩送到宿舍。我们学校离军艺不远,所以我同学也就留了地址,欢迎那女生来玩。

进来这一男一女中,男生是女孩的哥哥,中央美院的学生,今天就特地陪了妹妹来,说是前来道谢。

我那同学眉清目秀,而且那年头,研究生还是个稀罕事,所以今天这兄妹俩登门,明摆着是看看能不能钓个金龟婿。

弄清来意,气氛立马尴尬起来。我也不知道能跟两位艺术工作者聊啥,

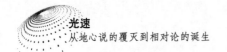

正在脑海里紧张搜索古今中外的各类名画时,那男生开了腔。

没想到,这位男生谈的竟然是——相对论!

作为一个学光学的学生,不能说没有学过相对论,但是我们学得非常有限。如果不是从事电磁学方面的理论研究,又或者从事天体物理、高能物理之类的研究,谁也不会真的认真去学习和使用相对论。虽然有很多从事理论物理研究的学者或者从事哲学研究的学者,喜欢把相对论挂在嘴边,但他们鲜有在具体的研究中真正去研究相对论的。

如此专门的学问,竟长时间成为各种场合的开篇、过渡、争论的话题,成为"民间科学家"的主要攻击点,这实在是令人迷惑的现象。我活了半辈子,也没弄清缘由。根据我粗略的观察,大约是相对论太违反一般人的直觉,又和我们对世界的基本看法紧密相连的缘故吧。

作为一名科技工作者,我当然可以对准备讨论这一话题的朋友直言相告,说他还不具备讨论相关的专门知识。但是,很多人会情不自禁地去思考这一问题,并且在没有获得满意答案时深受困扰,甚至怒火中烧,"义无反顾"地加入反对相对论的行列。因此,我的直言相告起不了什么作用。

大多数情况下,我对这个话题,是回避的。

2013年的某一天,在科学网上,我碰到一群都是有足够知识和学养的朋友,正在热烈地讨论相对论。在他们的讨论中,我忽然意识到,他们热衷于"思想实验",并通过"思想实验"来证明光速不可能恒定。而物理学的实践性,被他们有意无意地忽略了。从那个时候起,我就在科学网上开始写《光速》的系列文章,从实验、实践和理论之间彼此促进的角度,介绍相对论诞生前的一段科学历史。

最近,我又碰到了一场争论,是在理论物理学家圈子里展开的。他们把麦克斯韦方程的对称形式当成了相对论的起源,完全忽略了物理学科的实验特征。

因此,我想要写一本小书给感兴趣的年轻朋友,以光速为主线,不是去作深奥的理论探讨,也不是去展开各种思想实验,而是从物理学发展史的角度,围绕光速相关的实践背景、思想演变和实验观察,来谈谈相对论的前世今生。而那些思想、实验和实践所发散的熠熠光辉,我也希望能略微展示一二。

简　　史

讨论光速，必须知道光是什么。

古希腊的哲人们，连什么是光都不清楚，遑论光速了。欧几里得（Euclid，约公元前 330—公元前 275）曾经假设，光是眼睛里发出的钩子，我们之所以能够看见东西，是我们眼睛里的钩子钩住了东西[1]。而古希腊伟大的工程师亚历山大城的希罗（Hero of Alexandria，约公元 10—公元 70）曾经评论到，光即使不是无限快，也是相当快[2]。

在没有办法测量和检验一个现象之前，所有的设想和评论都是允许的，这也是人类思想和实践的必经之路。

第一次真正得到光速的具体数值，是在 1676 年，其值是由罗默（Ole Rømer，1644—1710）对木卫一的观察结果经过惠更斯（Christiaan Huygens，1629—1695）的换算而得到。其计算的光速，是 22 万 km/s。这是人类历史上第一次得到光速的定量数值。这一结果，虽然与现代数值相去甚远，但已经是历史上的一大步了。

1725 年，布莱德利（James Bradley，1693—1762）通过观察天棓四在天球上的位置变化，而发现光行差现象，得到了与现代接近的光速数值。光行差现象本身也成为后来者反复探讨和实验的对象，并对相对论的产生有决定性的影响。

纵览这一段时间的光速探测，都是以天文测量为大背景而产生的。天文测量的重要性是伴随大航海时代的开启而逐步凸显出来的。航海需要精确的定时，星空为我们提供了一个巨大的时钟，这也是人们当时不断观察星空的实践上的理由。光速测量，可以看作是观察星空的副产品，也是实践需要和科学进步相互促进的显著例证。这里不仅有从地心说到日心说的思想的突破、望远镜等实际仪器技术的发展，还有哲学思想的巨大变化和现代科学理论体系的逐步建立。

而光速测量要往精细处发展，仅仅在原有既定的道路上发展是不够的。

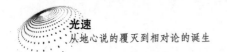

18世纪末和19世纪初，波动光学正式登上了历史的舞台。

在惠更斯和牛顿（Isaac Newton，1643—1727）的年代，波动光学已现雏形。牛顿和惠更斯，作为光的微粒说和波动说的创立者，还友好地讨论过光。但是，由于牛顿的巨大名声以及初始的波动光学的粗糙，微粒说占了上风。所以，几十年后，当托马斯·杨（Thomas Young，1773—1829）和菲涅耳（Augustin-Jean Fresnel，1788—1827）去建立和推广波动光学时，受到了巨大的阻碍。

在法国科学院举行的一场以微粒说和波动说为辩题的论文竞赛中，菲涅耳的波动光学的论文引起了激烈的争论。数学家泊松（Siméon Denis Poisson，1781—1840）针对波动学说提出了有力的反驳：按照菲涅耳的理论，在圆盘衍射的正中，应该有一个亮斑，这与常人的平时实验观察不符。阿拉果（François Arago，1786—1853）经过周密的实验，观察到了这个亮斑。这个亮斑被称为泊松斑或阿拉果斑。正是泊松斑的出现，为波动说的胜利吹响了号角。

虽然依靠波动光学本身并不能定出光速，但是，通过干涉条纹，光走过不同路径的用时，却可以转换到路径长度的精细比较上。在菲索（Hippolyte Fizeau，1819—1896）和傅科（Léon Foucault，1819—1868）粗略地测量了绝对光速之后，菲索依靠干涉条纹完成了流动的水中光速变化的相对测定，使得人们又把目光集中到光的波动在真空中传播的传播介质"以太"上来。

在19世纪后半叶，在以太的流行学说中，对光学影响较大的是菲涅耳的以太部分拖拽理论和斯托克斯（George Stokes，1819—1903）的全拖拽理论。菲涅耳认为普通物质浸没在以太中间，普通物质的运动将部分拖拽以太运动；斯托克斯的全拖拽理论则认为，以太黏附在普通物质之上，并随着普通物质一起运动，但远处的以太则是不动或者随着远处的星星一起运动的，以太就像口香糖一样，黏住物体就跟物体一块儿走，没黏到的部分则自个儿待着，或者随着旁边的以太做跟随运动。斯托克斯的理论可以很好地解释跟光行差有关的实验，但是与菲索的流水的光速测量不符。而菲涅耳的理论，既可以解释光行差，又可以很好地解释菲索的实验数据。虽然这两个理论对实验的解释都有问题，都不能很好地解释为什么光是一种横波，但是,菲涅耳的解释更符合当时的实验,所以大家都趋向于接受这个理论,认为只需要进行一些修正即可。

这段时间,又有另一物理理论加入以太性质的争论中来,这就是麦克斯韦(James Clerk Maxwell,1831—1879)的电磁波假设。麦克斯韦在对韦伯(Wilhelm Eduard Weber,1804—1891)和科尔劳斯(Rudolf Kohlrausch,1809—1858)的电学实验进行总结的时候,认为存在一种传递电磁作用的波——电磁波。并且,他根据实验数据,按照自己建立的方程进行推算,算出电磁波在真空中的速度跟光速一致。所以,他说,光是一种电磁波。1886—1889 年,赫兹(Heinrich Hertz,1857—1894)通过实验,证实了电磁波的存在,进而证明了光波也是一种电磁波。

所以,这个时候,各种光学和电学的实验相继进行,以观察地球相对以太的运动情况。按照推算,要观察到这个运动,考虑到菲涅耳的解释,实验精度必须要达到 10^{-9} 的量级才可能测到地球相对以太的运动,这是当时所有的实验都达不到的。迈克耳孙(Albert A. Michelson,1852—1931)和莫雷(Edward W. Morley,1838—1923)利用我们后来所熟知的迈克耳孙干涉仪,将设计的精度提高到这个量级。从复原改进他人实验开始,迈克耳孙历时 10 年,进行各种实验,却得不到可以证实以太运动的对应结果。所以,洛伦兹(Hendrik Lorentz,1853—1928)给出了新的解释。他认为以太存在长度收缩的性质,并引起相应的时间膨胀现象,并给出了相应的推算公式。

1905 年,数学家庞加莱(Henri Poincaré,1854—1912)修正了洛伦兹的公式,给出了正确形式的洛伦兹变换。

同一年,爱因斯坦(Albert Einstein,1879—1955)也独立地给出了洛伦兹变换。这就是狭义相对论的诞生。虽然变换形式跟洛伦兹一样,但是爱因斯坦的解释完全不同。爱因斯坦的时空观,深受马赫的影响,认为时间和空间不能脱离具体的物质形式而独立存在。从这一观念出发,爱因斯坦强调了同时的相对性,即不同地方发生的事情,在一个坐标中观察是同时的,但在另一个运动的坐标中观察却是不同时的。这个是时间和空间的本性。

强调时空的本性,也是爱因斯坦和洛伦兹的根本不同。洛伦兹的公式里,也有同时性的相对性。不过,洛伦兹认为,这是由于物质在以太中运动

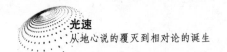

时,产生长度收缩,进而引起电磁波运动特性的变化,最后产生一个"表观"的计时变化。而爱因斯坦的解释,则改变了我们对时间和空间的理解。并且,这一革命性的时空观,得到了一系列有趣的结果,包括我们后来熟悉的质能关系式 $E=mc^2$。这个公式总是出现在爱因斯坦的宣传画上。

直　觉

让我们离开这书页泛黄的物理学史,放下困惑或愤怒,来谈一谈我们的直觉。

有一个社会学家,他去观察一个原始部落。

这个部落生活在密林里,封闭在狭小的空间中,彻底没有近大远小的概念。倒不是说他们感觉不到眼前的东西有多大,而是他们不知道外面的山川河流有多雄伟。社会学家对部落的人们进行解释,人们都狐疑不信。所以,有一天,社会学家就带着部落里的一个孩子去看世界。

他和孩子离开了密林,见到了远远的山。

"那山有多大?"社会学家问。

"蚂蚁那么大。"孩子答道。

他们向着山进发,山露出了云雨之间柔美的容貌。

"那山有多大?"社会学家问。

"牛那么大。"孩子开始犹豫起来。

他们终于到达山脚。

"这山有多大?"社会学家问。

孩子抬起头来,望着这万丈雄山,惊讶得说不出话来。

那么,让我们放下直觉,向着物理学雄伟的山脉,出发吧。

参考文献

[1] Euclid's optics. https://en.wikipedia.org/wiki/Euclid%27s_Optics.

[2] Speed of Light. https://en.wikipedia.org/wiki/Speed_of_light.

第 2、3 章导读

这两章是为介绍罗默测量光速而写的。

第 2 章,介绍了罗默测量光速的社会实践背景。大航海时代,航海是重要的社会实践活动之一。在海上航行,需要确定经度。经度的确定,促进了天文观测和时钟制造的巨大进步。在这一进程中,伽利略提供了观察木卫蚀的思路。

第 3 章,介绍了卡西尼使用伽利略的思路去测定不同地区的经纬度,并且完成了火地距离的测定。罗默在这项宏大的工程中,无意中发现了木卫一轨道周期不固定的事实,并作出了周期不固定源于光速有限的推断。惠更斯根据罗默的观察结果,以及由火地距离换算得到的木星和地球之间的距离,推算出光速为 22 万 km／s。

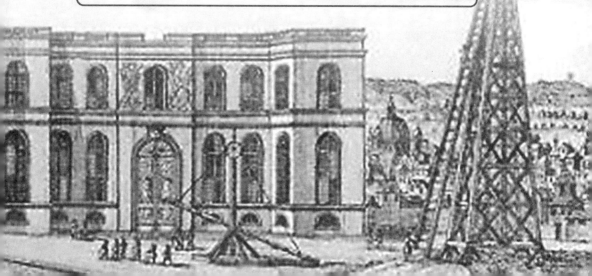

2　大航海时代的难题

在大航海时代,如果你是一位船长,航行在茫茫大海之上,随风浪颠簸,你应该想到的第一个问题是什么? 是海盗从哪里来吗? 不,不是,你首先必须搞清,你在地球的哪个位置,陆地离你有多远。

"这有何难?"你会说,"用 GPS 定位嘛!"

读者们,卫星是 20 世纪的产物,GPS 是 20 世纪后半期才有的东西。

在 16,17 世纪,欧洲的冒险家们在大海上航行,是十足的冒险。频繁海难的最大原因,就是人们没有办法精确测定经纬度,不清楚自己在地球的哪个位置。

为什么搞不清位置? 让我们回到人类悠久的航海史中,看看人们在海洋上寻找坐标的艰难历程。

经 度 与 纬 度

▶ 测量地球半径

和我们中国人不同,古希腊人由于生活在海边,要穿过地中海做买卖或者打仗,要依靠观察星象在海上航行,所以他们很早就有"地球是个球体"这样的概念[1]。公元前 3 世纪,埃拉托斯特尼(Eratosthenes of Cyrene,约公元前 276—公元前 194,见图 2-1)就从这样的观念出发,依靠日晷和大地测量技术,测定了地球的半径。在公元前 240 年左右,他组织专业的大地

图 2-1　埃拉托斯特尼

测量队伍,测定了两个城市之间的距离;又在夏至正午时分,分别测量出位于这两个城市的日晷的投影的长度;再根据这些参数,计算出了地球的半径[2]。

现在我们来说说他的计算方法[3]。由于他的著作已经失传,所以这个计算我们是依据其后 200 年的克莱奥迈季斯(Cleomedes,约公元前 1 世纪)的简化版本而得知的。图 2-2 中,两个城市分别用 A 和 B 表示,之间的距离是 D,如果这两个城市对地球中心的张角是 α,那么我们就可以通过 $R = D/\alpha$(α 的单位是弧角)来算出 R。D 由专门的大地测量队伍通过当时比较复杂和专业的方式测得。测量 α 则需要些特别的条件:城市 A 在北回归线

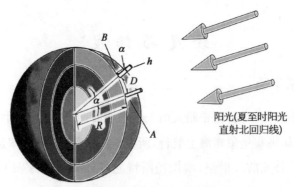

阳光(夏至时阳光
直射北回归线)

B 处日晷高度为 h,投影长度为 l

图 2-2　测量地球半径

上,城市 B 在城市 A 的正北方。在北半球的夏至那一天城市 A 的正午,太阳光就直射城市 A,城市 A 的日晷没有投影,或者只有非常短的投影;而这时,城市 B 也正好是正午,是城中的日晷投影最短的时候,日晷的高度 h 和投影 l 的比,就是 α 的余切,由此就可以推算出 α。

克莱奥迈季斯用于举例的两个城市,一个城市在现在的阿斯旺,即图 2-2 中的地点 A,几乎在北回归线上;另一个城市为亚历山大,即地点 B。两城之间有 5 000 埃及里;在亚历山大,根据日晷,测得 α 为 1/50 rad(弧度)。所以,可算出地球圆周为 250 000 埃及里,合 39 425 km,离现在的结果 40 008 km 只有 1.5% 的差距。

埃拉托斯特尼之所以能够成功地推算出地球的半径,得益于他在前人基础上发展出的两个概念:经度和纬度。由这两个概念,发展出了一套球面上的坐标系统,给出了一个地球表面任何位置的坐标。

我们现在使用的经纬度系统如图 2-3 所示,地球表面被称为纬线圈和经线圈(子午线圈)的两组圆划分。

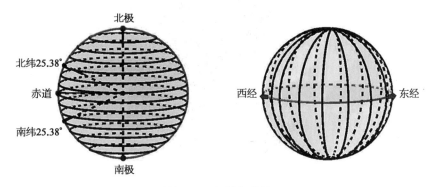

图 2-3 经线与纬线

对于纬线圈,以赤道的一圈为 0°,向南北两个方向各有 90°。一个地方的纬度,就是这个地方向地心的连线和赤道平面的夹角。如果这个地点在北半球,就是北纬多少度;如果在南半球,就是南纬多少度。

对于经线圈,设置一条子午线为角度的起点,叫本初子午线,记为 0°,向东西两个方向各转 180°汇合。一个地方的经度,就是这个地方所对应的经线相对本初子午线旋转的角度。如果是在东半球,就叫东经多少度;如果是

在西半球,就叫西经多少度。

地球的转轴在地球表面的两个点,分别是南、北极,这两个点分别位于南、北纬90°的地方,也是所有经线圈的交点。

这套坐标系统的设定,是以地球的自转轴为基础的。由于这个原因,地球上同一经度的位置是同时到达当地的正午的,这个时候日晷的影子总是指向正南或者正北。

▶ 经纬度的测量：星座与月食

埃拉托斯特尼之后100年,西帕克(Hipparchus,约公元前190—公元前120,见图2-4)用星象确定纬度,并用月食[4]来确定经度;在陆地上测量经纬度,达到了较高的精度。

图2-4　西帕克

纬度的确定是相对简单的,白天可以观察太阳在天空中的方位和高度角,晚上可以看星座。西帕克利用群星的位置,比较精确地确定了纬度。

计算经度,利用月食是一个不错的办法。如图2-5所示,因为月食的发生,是指月球进入阳光被地球遮挡而成的阴影区域,只受太阳、地球、月球三者是否成一条直线的影响,跟地球自转没什么关系。所以,当月食发生时,不同经度的人们,同时都可以看到月食。月食发生时,观察月球在天空中的方位和高度角,就可以比较准确地确定自己所在位置的经度了。

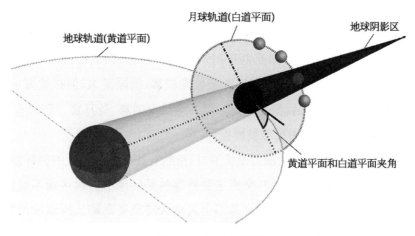

月球轨道(白道平面)

地球轨道(黄道平面)

地球阴影区

黄道平面和白道平面夹角

图 2-5 月食的原因

月球进入地球阴影区,就形成月食。月球要进入地球的阴影区,不但要运动到远离太阳的一端,还必须正好是白道平面(月球轨道所在平面)和黄道平面(地球轨道所在平面)的交线在太阳和地球的连线附近,这也是为什么一年里出现月食很少的原因。

大航海时代的海难

▶ 远洋

在航海时利用日月星辰导航,有着非常悠久的历史。从公元前 1000 年开始,波利尼西亚人就开始了大规模的航海,横跨 6 000 km,踏遍了太平洋上的小岛。他们会特别仔细地观察日落和日出,然后观察日出前和日落后即刻可以看到的星星的位置[5]。

这是否意味着人们非常容易采用简便的手段在航海时确定经纬呢?

纬度非常容易通过太阳高度角以及星座的观察来获得。在海上或在陆

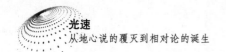

地上观察,结果不会有实质性的差异。

但是,使用星座却很难准确确定经度。因为地球的自转,同纬度而不同经度的人们,会经过同一片星空,彼此之间的时间差异,无法从星座上简单察觉。

如果想在海上利用月食来确定经度,则有两个困难。第一个困难,是定时不准,由于地球大气对阳光的折射,月球进入阴影区的时间很难准确确定。在陆地上,观察月食,可利用数据长期积累,消除误差;但在航海中,则是一次过的事情,误差就没办法消除了。第二个困难,是月食一年只有2~5次,往往在整个航程中很难被捕捉到。

在大航海时代开启以前的漫长岁月,虽然有波斯尼利亚人的跨洋航行,但在东西方的文明世界之间,交流主要依靠的是陆地上的跋涉而不是海洋上的远航。大量的航海实践,也都不会远离大陆或者岛屿。所以航海技术上的问题,并不凸显。

但是,随着大航海时代的到来,一切变得不同了。

一般认为大航海时代是从15世纪中期至19世纪中期这段时间[6]。

1292年,蒙古入侵爪哇,开启了人类在海上大规模使用武力的时代。1338年,英法之间百年战争爆发,其起点也是大规模的海战,阿内穆依登战役。自1405年始,郑和(1371—1433)七下西洋,极大地刺激了世界的海洋贸易。

战争与贸易,设定了大航海时代的背景。在这个大背景下,葡萄牙王国的称霸,美洲的发现及殖民,把横跨大洋的航行,推向了高潮。

航海,是时代的需求。

▶ 海难

随着大航海时代的到来,海难也如影随形。

在远涉重洋的旅途中,经度判断的错误,不仅意味着航向偏离会误入乱礁,或遭遇不期而至的惊涛骇浪,还有可能在无风带因无风鼓帆而失去动力。

这种错误一直没有什么好办法来克服,由此引起的海难,伴随了整个大航海时代。

最著名的一次,发生在 1741 年 4 月。乔治·安森(George Anson,1697—1762)指挥一艘风帆战列舰从东到西绕过美洲最南端的合恩角。他相信自己越过了合恩角,向北继续航行,却发现前方看起来是大陆,这就意味着他还没有绕过去。当时有一股特别强大的东风使他偏离了自己估算的结果,偏到了航位的东边。他不得不又花几天向西航行。由于长期缺乏补给,没有新鲜的蔬菜,当最终经过合恩角时,船员们很多都得了坏血病。他们只好向北前往费尔南德斯群岛去补给。但是,在到达费尔南德斯群岛的纬度时,他们完全搞不清自己的经度,不知道这些岛屿是在东边还是西边。所以,他们又花了 10 天时间先向东航行,然后向西航行,最后到达目的地。在此期间,该船一半以上的人死于坏血病[7,8]。

经 度 之 战

海难频发,使各国政府或者地方强权都开始检讨经度的测定问题,探讨解决之道,并为好的解决方案设立奖金。由此,各种经度测定方法彼此竞争、相互促进。这场竞争,被作家袁越称为"经度之战"[9]。

▶ 航速预测法

最常见的经度估算方法,是航速预测法[10]。前面提到的海难中,安森船长正是采用的这种估算办法。

这个方法以某个已知位置的经纬度为起点,估算在此基础上的用时、航向和速度,就可以求出新的位置了。如图 2-6 所示,如果船在 9 点钟时的位置、航向已知[030 T,表示从正北(地球自转轴的北极对应的方向)顺时针转 30°的方向],船速为 10 节(1 节=0.514 m/s),那么我们就可以推算船在9 点半和 10 点到达的位置。这个方法的英文名为什么叫 dead reckoning,已渺不可考,但是这个方法曾经广泛使用。

在使用航速预测法时,有些量是极难控制的。比如航向的确定。除了

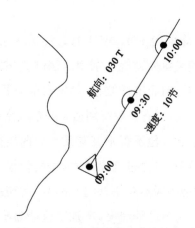

图 2-6　用航速预测法确定航向

依靠指南针或者北极星,并没有什么特别精细的方式。哥伦布(Christopher Columbus,1451—1506)在一次航行的途中,就发现了地磁偏转的异常,这本来是地球磁极和地球自转轴有一个夹角而引起的,但却吓坏了他的船员。所以,精准的航向,并不容易[11]。

比起航向来,更难测定的,是航速。

在远离陆地的位置,由于缺乏参照,航速的测定,只能依靠船和水流之间的相对运动来判断。在航海历史上,长期使用测速板[12]来测速。如图 2-7 所示,测速板是一块小小的木板,为了加重,上面带了铅垂,再拖上长长的绳子。绳子每过一定长度,打一个结。在船航行中,要测速时,水手会放下小木板,让木板拖在水中。小木板会拉动绳子朝后跑。在一定时间内,水手计算朝后跑的绳子上的结的数目,就可以计算航行速度了。16 世纪时,短时间的精确测时,用玻璃沙漏[13]来完成,所以计量船对水流的相对速度还是比较准确的。

然而,水流的速度并不固定,很难事先估计。尤其是有风的时候,水流的速度会随着风发生巨大的改变。曾经安森船长就是碰上了一股强劲的东风,引导了一股向东的水流,使他无法判断自己向西航行的准确速度,才引起了海难。

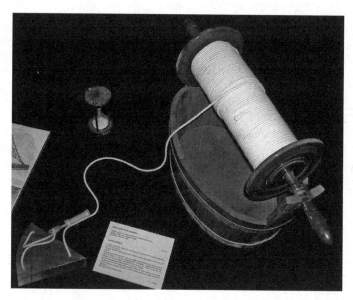

图 2-7　测速板(源自巴黎海事博物馆,图上放线的绕线滚、测速板和第一结都清晰可见。Loch à plateau — Chip log — Wikipedia, https://en.wikipedia.org/wiki/Chip_log♯/media/File: Loch_%C3%A0_plateau. jpg, CC BY-SA 3. 0,作者 https://commons. wikimedia. org/wiki/User: Korrigan,Rémi Kaupp)

▶ 月角距

有没有比航速预测法更好的经度测定办法呢?

有。这就是月角距的方法。这种方法,可以看作是测月食的方法的自然延伸[14]。

如图 2-8 所示,由于月球离地球近,而别的行星或者星体离月球远,因此,在同一时刻,在地球上的不同位置,观察天空中某些星体到月球的距离,得到的结果是不一样的。通过星体和月球的高度角,再结合月球和星体被观察到的夹角,就可以估算这个观察距离,即月角距。综合月角距以及高度角的信息,就可计算船所在的地理位置和相应的当地时了。如果选用足够多的星体,再通过查表计算,就可以比较准确地计算经度和当地时了。

大多数历史学者认为,最早有明确记载使用月角距原理的人,是阿美利哥·瑞斯浦西(Amerigo Vespucci,1454—1512)[15]。他是哥伦布的朋友,曾

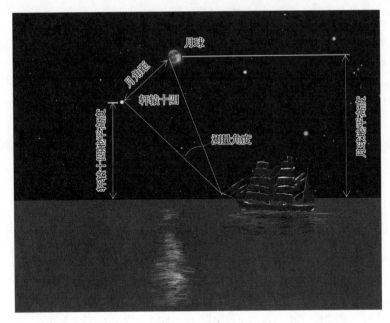

图 2-8　月角距

经两次航行到美洲,一次代表西班牙,一次代表葡萄牙。他的名字是美洲命名的由来。

据说,在 1500 年前后的某一天,他观察月亮时,突然想到了一个好主意,就是我们后来所说的月角距的办法。他选了一个行星,比如火星,在某时某地观察,正好被月亮挡住,即其月角距为零;而在别的地方观察,又和月亮有一定的月角距。这个特殊的时刻,可以转换到地球任何位置的当地时。因此,我们总是可以把月角距和当地时结合起来,综合计算出两地之间的经度差了。

这套方法可使用的前提,是需要提前计算好各地区在指定的时日应测得的月角距,并制作好对照表。在海上航行时,水手可以用星盘或者六分仪来观测天空,并查表计算,就可以定出自己的经纬度了。

在这套方法使用的早期,由于天文观察和记录不够精准,月角距的对照表是极不准确的。比如瑞斯浦西登陆巴西的北海岸时,通过观察,他认为自己是在西班牙的加迪斯往西 82° 的位置,实际他应该在加迪斯往西 40° 的位置[7]。

这个方法还有另外的一个缺点,就是多云或新月时,无法使用。多云,就意味着看不清周围的星星;而新月时,伴随太阳的余晖,天空太亮,同样无法查看星星。

整个大航海时代,月角距的方法一直在改进。一方面是使用更好的观察仪器观察,另一方面是编制更准确的星表。

所以在大航海时代,月角距的方法和航速预测法一直是配合使用的。

到了大航海时代结束,1898 年,这套表才做得相当成熟。在良好的观察条件下,整个系统的精度可以达到格林尼治时间误差 1 分钟的水平,在赤道上只有 28 km 的误差。

▶ 时钟

既然经度的估算可以转换成时间的概念来估算,那何不利用时钟来估计经度差呢?

比如,正午 12 点我们从甲地出发,往西走 3 个小时,到达乙地,通过测量太阳的高度角,发现正好碰上乙地的正午,也就是我们往西走了 45°。

这样不是更简单吗?毕竟估计当地时的办法多得多,看太阳、看月亮或者看星星都可以。

大航海时代的人们,也是这么想的。1530 年,荷兰航海学校的奠基人之一杰马·弗里修斯(Gemma Frisius,1508—1555)就提出了用时钟推算经度的设想[16]。

不幸的是,当时人们缺乏准确的计时。

古代,人们常用的可移动的计时系统,有点蜡烛、燃香、沙漏等,对较长时间的计时来说,精度有限,大约每天会有 10 分钟的误差[17]。古罗马人还用过可携带的简单日晷作为钟表,叫作影钟[18]。可以想见,这种钟表,在移动的情况下,精度就更低了。

要制作高精度时钟,必须要有稳定地释放动力或者消耗物质的办法。世界各地发展的计时方式,最后都趋向于采用机械结构来实现动力的稳定释放。

我们现在常见的机械钟表,从带齿轮的钟发展而来[19]。公元前 3 世纪,阿基米德就做过以水的浮力和重锤的重力相互转换为动力的齿轮钟。公元前 6 世纪,水钟传入中国[18]。如果光靠水的物理特征,由于温度的变化,原始的水钟精度并不高,会导致每天半个小时的误差[13]。而后,经过1 000 多年的技术积累,唐代的一行和尚(公元 683—公元 727)和宋代的苏颂(1020—1101)进行了重大改进,做成了以水为动力的齿轮钟。尤其是苏颂的水运仪象台,采用了擒纵机构,是公认的机械钟表的祖先[13]。擒纵机构的出现,使得各种动力可以按照一定时间间隔规则地释放,为提高计时精度创造了条件。

1584 年,约斯特·比尔吉(Jost Bürgi,1552—1632,见图 2-9)为第谷·布拉哈(Tycho Brahe,1546—1601)制作了高精度时钟,以弹簧为动力,采用了交叉擒纵结构[20](见图 2-10),并配以辅助的恒动力装置[21],使钟表第一次成为了科学仪器,精度达到一天只有 1 分钟的误差,可以配合后来出现的望远镜制作准确的星图。这都为第谷和开普勒获得稳定的轨道数据并总结出开普勒三定律,提供了重要的先决条件。值得一提的是,比尔吉也是重要的数学家,是对数的创始人之一[22]。

图 2-9 比尔吉

图 2－10　交叉擒纵机构[23]

但是,那个年代的钟,结构复杂,不适于航海;其精度也达不到航海的要求。

大约在 1581 年,伽利略(Galileo Galilei,1564—1642)在教堂里观察钟摆,并将钟的摆动频率和自己的心跳对比,发现摆动频率非常稳定。回到家中,他做了实验,发现摆长一定,摆动频率就一定,和摆锤重量及摆动幅度都没有关系。这说明,单摆是良好的动力释放控制装置。

1675 年,惠更斯希望为航海提供高精度的计时,产生了与伽利略类似的想法,并付诸实施,制作了带有摆锤的摆钟。他开始用重锤做动力源,用摆锤通过交叉擒纵机构来控制动力释放,使计时精度提高到了每天误差不超过 10 秒钟。然而,摆锤的频率会被海上颠簸的节奏打乱,摆钟仍不适合用于航海。

1707 年,西班牙王位继承战争期间,由英国王家海军领导的多国联合舰队在喜利列岛触礁,导致成百上千人死亡[24]。这是英国海军历史上最严重的海难。联合舰队包括了英国、奥地利和荷兰共 15 艘舰只,于 1707 年 9 月 29 日离开直布罗陀,返往英国。由于恶劣的天气,船队一路走走停停,10 月 21 日正午,天气放晴,通过观察,大家一致认为,船队在喜利列岛西北 200 英里的地方。从那时起舰队就依靠航速预测法航行。结果,船队在 10 月 22

日晚上 8 点,也就是依靠航速预测法航行 32 小时后,在喜利列岛的圣艾格尼斯岛触礁。四艘船触礁沉没;在不同的声明中,死亡或失踪的人数为 1 400~2 000 人不等。

这次海难中错误的导航归根结底是对经度的确定不准。

这场海难的发生,促使英国成立了经度委员会[25],并在 1717 年设立了两万磅的经度奖[26],来奖励能够在海上精确测定经度的发明。

这个奖奖励了一系列利用时钟或者月角距来测量经度的发明。其中获得奖励或者资助最多的是约翰·哈里森(John Harrison,1693—1776,见图 2-11)。他历时 40 多年,制作出一系列高精度的航海钟;最后和他的儿子一起,制造出了 H5(见图 2-12),每天只有 1/3 秒的误差。

图 2-11　约翰·哈里森

但是由于航海钟很昂贵,一直到大航海时代结束,其使用也不普及。反倒是月角距的方法被广泛使用。

图 2 - 12 H5 航海钟(源自 https://en. wikipedia. org/wiki/John_Harrison♯/
media/File：Harrison's_Chronometer_H5. JPG,CC BY 2.5)

伽利略的主意

在月角距和时钟的竞争中,我们留意到,月角距不过是将天空的群星当
作天然的时钟,所以这应该是天然时钟和人造时钟的竞争。

自然有人会问：天空中有简单又容易观察的时钟吗?

有! 这就是伽利略注意到的木星卫星的星蚀。伽利略由此想出了个绝
妙的主意。

在经度之战的历史中,伽利略的主意,只是一个小小的插曲,但是,这个
主意却极大地影响了物理学的进程。

至于伽利略为什么想到了这样的主意,我们还得从伽利略制作望远镜
开始说起[27]。

▶ 望远镜

伽利略(见图 2 - 13)生于佛罗伦萨公国的比萨(意大利),是作曲家和音

乐理论家文森索·伽利略(Vincenzo Galilei,1520—1591)的 6 个孩子中的长子。而他的弟弟妹妹中,只有 3 个存活下来[27]。

图 2-13　伽利略

作为一个中产阶级家庭的孩子,到了正式接受教育的年龄,他被送入大教堂学习。在教堂学习的时候,他完全被教规迷住了,所以他立志成为一名教士。但是,在父亲的敦促下,他还是于 1580 年进入比萨大学学习医学。在大学的时候,他受到几何学的吸引,征得父亲的勉强同意,学习了数学和自然哲学。由于才华出众,伽利略后来留在比萨大学教学。

1591 年,他的父亲去世。作为长子,他有支撑整个家庭的责任,他需要担负两个妹妹的嫁妆,还有最小弟弟的生活以及事业的开销。

他需要钱。

1592 年,他离开比萨大学前往帕多瓦大学担任数学教授——因为后者出的工资是前者的 3 倍。

时光荏苒。1609 年 5 月的一天,他收到一个叫保罗·萨比(Paolo Sarpi,1552—1623)的朋友的来信:

"大概十个月前,我听说有个弗莱明人做了个侦察镜。通过这个镜子,远处的东西看起来就像在近处一样。这些听起来非常奇异的效果是否真的存在,有的人信,有的人不信。但是,过了几天,我收到一个法国人雅克·巴多维尔的一封信,他肯定了这个消息。这引得我全副身心都投入研究,希望发明类似的仪器。我马上就准备做,我有折射理论的基础。"[28]

根据消息,伽利略应用自己的知识和一双巧手,开始制作了一系列的望远镜。这些望远镜比荷兰弗莱明人还要做得好。伽利略开始做了个 4 倍的望远镜,后来向磨玻璃的匠人学习,改进了工艺,在 1609 年 8 月做了个 8 倍的望远镜。保罗·萨比全程跟进,还专门为他在威尼斯参议院安排了个展览。参议院对伽利略的发明大加赞赏,给伽利略增加工资,并且给予伽利略望远镜的垄断制造和经营权。

这本来该是个从中产走向富裕阶层的故事。但是,1609 年底,伽利略将望远镜对准了夜空……

▶ 木卫蚀

1610 年 1 月 7 日,伽利略把望远镜对准了木星,发现旁边有 3 颗小到几乎看不见的小星星,成一条直线。连续几天的观察,伽利略认为这几颗星星像是在动,不是恒星。1 月 10 日,有一颗星星消失了,伽利略认为它应该是躲到木星背后去了。伽利略由此推断,这 3 颗星星应该是木星的卫星,环绕木星运动[28]。他的观测手稿如图 2-14 所示。

1 月 8 日,这些卫星也被德国的西门·马里乌斯(Simon Marius,1573—1625)利用自制的望远镜观察到了,并在一本书中作了报道。再后来,伽利略对此进行反驳,并斥责马里乌斯抄袭。马里乌斯和伽利略在帕多瓦大学做过一段时间的同事,并且彼此有不愉快。这场争论,大多数人站在伽利略一方。1993 年,经过仔细审查,科学界认为这些卫星是马里乌斯独立发现的[29]。

在相当长时间内,大家都不管发明的优先权,而是使用马里乌斯对木星卫星充满诗意的命名:

Io , Europa , Ganimedes puer , atque Calisto

lascivo nimium perplacuere Iovi.

翻译成中文就是:"伊娥、欧罗巴、男孩甘尼米德和卡利斯托/(朱庇特)

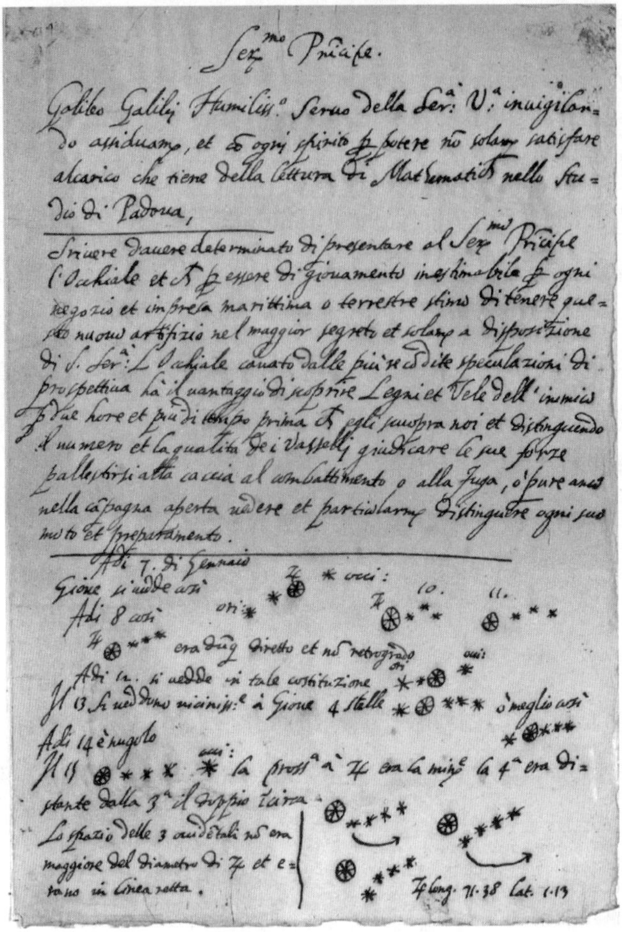
Ser.mo Principe.
Galileo Galilei Humiliss.o Servo della Ser.tà V.a inuigilan-
do assiduam.te, et con ogni spirito per potere non solam.te satisfare
al carico che tiene della lettura di Mattematiche nello Stu-
dio di Padova,

图 2-14　伽利略 1610 年观察木星记录的手稿

满满的爱”（和木星的名字“朱庇特”一样，伊娥、欧罗巴、甘尼米德、卡利斯托都是希腊-罗马神话中的人物）。

从 1609 年 1 月—1610 年 7 月，伽利略对这些卫星进行了持续的观察，发现了它们的运动周期。其中，伊娥（即木卫一）的运动周期相当短，只有 $42\frac{1}{3}$ 小时。

到了 1612 年，伽利略完全肯定了这一稳定的周期。周期的准确确定是通过观察木卫蚀而获得的。即观察木卫一进入木星阴影区的准确时间，并将两次观察的时间相减，就可以得到其周期。长期的观察，并消除相应的观察误差,就可以知道周期的稳定性了。

　　木卫一的稳定周期,意味着星空中有了一个精确的、可简单观察的时钟,非常有利于在大海上确定经度。比起月角距,这个现象的观察简单得多,也准确得多;而说起人造时钟,1612 年根本就没有办法与之竞争。

　　伽利略的设计比我们解释的要复杂些。他把 4 颗卫星的相对运动编入一个活动尺,以便进行快速计算。你可以把活动尺理解为算盘一类的计算工具。这个活动尺叫乔维算尺(Jovilabe,见图 2 - 15)。乔维算尺可以快速计算出从地球上观察到的 4 颗卫星的轨迹和时间的对应关系。

图 2 - 15　乔维算尺示意

　　1611 年、1612 年、1616 年、1627 年、1628 年,伽利略不停地写信给西班牙国王,以争取西班牙国王设立的经度奖金。为了让西班牙的信使们相信,在海上如果使用望远镜观察,是可以对付海浪颠簸的,伽利略还设计了专门的稳定装置和可穿戴的望远镜。但是,也许是这类"骗局"太多了,西班牙的宫廷没有表现出任何兴趣。伽利略转而去向荷兰争取,同时,也向他们兜售了做摆钟的主意。但是,最终这些都没有付诸实施[30]。

▶ 大地的经度测量

　　在海上行不通的主意,在陆地上却是非常精妙的测量经度的工具。比起利用月食,伽利略的天空时钟要精妙准确得多。

　　1671 年和 1672 年,皮卡德(Jean Picard,1620—1682)在汶岛的天文台,卡西尼(Giovanni Cassini,1625—1712)在巴黎的天文台同时观察木卫蚀,最后测出汶岛在巴黎以东 $10°32'30''$,只比现在的值大了 $0.2°$[7]。

　　正是在利用木卫蚀测量大地经度的工作中,我们迎来了罗默的工作,人类在历史上第一次测量光速。

参考文献

[1] Geographic coordinate system. https://en. wikipedia. org/wiki/Geographic_coordinate_system.

[2] Eratosthenes. https://en. wikipedia. org/wiki/Eratosthenes.

[3] Earth's circumference:Eratosthenes. https://en. wikipedia. org/wiki/Earth%27s_circumference#Eratosthenes.

[4] Lunar eclipse. https://en. wikipedia. org/wiki/Lunar_eclipse.

[5] Gatty, Harold. *Finding your way without map or compass*. New York:Dover Publications,1999.

[6] Age of Sail. https://en. wikipedia. org/wiki/Age _ of _ Discovery, https://en. wikipedia. org/wiki/Age_of_Sail.

[7] History of longitude. https://en. wikipedia. org/wiki/History_of_longitude.

[8] Richard Walter. Anson's voyage round the world: ch2, Munsey's Magazine, V(XVIII), 1897. http://www. munseys. com.

［9］袁越. 经度之战. 连载，中国青年报，2007.

［10］Dead reckoning. https：//en. wikipedia. org/wiki/Dead_reckoning.

［11］塞·埃·莫里森. 哥伦布传. 陈太先，等译. 北京：商务印书馆，1998.

［12］Chip log. https：//en. wikipedia. org/wiki/Chip_log.

［13］Hourglass. https：//en. wikipedia. org/wiki/Hourglass.

［14］Lunar distance（navigation）. http：//en. turkcewiki. org/wiki/Lunar _ distance _
（navigation）.

［15］Molander A B. Columbus and the method of Lunar distance. The Journal of the
Society for the History of Discoveries，1992，24（1）. https：//www. tandfonline.
com/doi/abs/10. 1179/tin. 1992. 24. 1. 65.

［16］Gemma frisius. https：//en. wikipedia. org/wiki/Gemma_Frisius.

［17］Sabrina Stierwalt. How do we measure time? https：//www. quickanddirtytips.
com/education/science/how-do-we-measure-time?page＝1.

［18］水钟. https：//baike. baidu. com/item/水钟/10883930.

［19］Clock. https：//en. wikipedia. org/wiki/Clock.

［20］Escapement：Cross-beat escapement. https：//en. wikipedia. org/wiki/Escapement
♯Cross-beat_escapement.

［21］Remontoire. https：//en. wikipedia. org/wiki/Remontoire.

［22］Jost Bürgi. https：//en. wikipedia. org/wiki/Jost_B%C3%BCrgi.

［23］Verge_escapement. https：//en. wikipedia. org/wiki/Verge_escapement.

［24］Scilly naval disaster of 1707. https：//en. wikipedia. org/wiki/Scilly _ naval _
disaster_of_1707.

［25］Board of longitude. https：//en. wikipedia. org/wiki/Board_of_Longitude.

［26］Longitude rewards. https：//en. wikipedia. org/wiki/Longitude_rewards.

［27］O'Connor J J，Robertson E F. Galileo Galilei（1564－1642）— Biography —
MacTutor History of Mathematics，（st-andrews. ac. uk）. 2002－11. https：//
mathshistory. st-andrews. ac. uk/Biographies/Galileo/.

［28］The moons of jupiter — The medici planets. https：//www. tau. ac. il/education/
muse/museum/galileo/the_moons_of_jupiter. html.

［29］Simon Marius. https：//en. wikipedia. org/wiki/Simon_Marius.

［30］Museo Galileo — Jovilabe. https：//catalogue. museogalileo. it/object/Jovilabe. html.

3 伊娥的显现与消隐

美 迪 奇 行 星

▶ 日晷

复活节,是耶稣受难第三天复活的日子。这一天,是春分月圆之后的第一个星期日。对基督教而言,春分应该定得很准。

很多西方的教堂都建有巨大的日晷,让阳光从高处的圆孔投影下来,再根据地面的太阳投影的位置,来确定春分。

1577 年,埃格纳蒂奥·丹迪(Egnatio Pellegrino Rainaldi Danti,1536—1586)[1] 在博洛尼亚的圣彼得法尼奥大教堂(the Basilica of the San Petronio)建日晷[2]。不过,日晷没有建完,教堂的场地另有他用,日晷就废弃了。

但准确确定春分,依然是重要的任务。

1655 年,卡西尼,一个将要相信行星绕着太阳转的天文学家,又被请到圣彼得法尼奥大教堂再建日晷。这个时间,是伽利略受审后 22 年[3]。

巨大的日晷建起来了,其室内子午线是世界上最长的,达到 66.8 m;用于太阳投影的圆孔则在离地 27 m 高处。高大的日晷打下来的太阳影子不仅有由于阳光入射角度造成的沿子午线方向的纵向直径的变化,还有横向直径的变化(见图 3-1)。横向直径的变化,说明地球到太阳的距离不是固定的,而是不断变动的。仔细研究了横向直径的变化规律,卡西尼发现,数据结果完全符合开普勒(Johannes Kepler,1571—1630)的学说,而不是地心说所描述的规律,这表明地球确实是沿着椭圆轨道绕着太阳旋转的。最终,卡西尼抛弃了第谷的折中学说,也变成了哥白尼(Nicolaus Copernicus,1473—1543)的日心说的信奉者[4]。

图3-1　圣彼得法尼奥大教堂的日晷在子午线上的投影[源自 https://commons. wikimedia. org/wiki/File:San_Petronio_al_solstizio_d%27estate%CB%90_la_meridiana_di_Cassini_5. jpg,Attribution-ShareAlike 4. 0 International(CC BY-SA 4. 0)]

▶ 座上宾

日晷的建造,使卡西尼声名鹊起。并且,卡西尼是个全才,在工程和水利方面也是好手。所以教宗发了圣令,让其进罗马全职服务教廷。但是,卡西尼没有奉诏,而是继续待在博洛尼亚大学担任数学和天文教授,同时还担任当地的水利长官[4]。

1655年,卡西尼还干了一件事,把第一张子午线的图献给了当时正在博洛尼亚逗留的瑞典女王克里斯蒂娜·亚历山德拉(Christina,1626—1689,见图3-2)。克里斯蒂娜那时刚从王位上退下来,心情郁闷,对年轻的天文学家的敬献甚为感动。后来,克里斯蒂娜在礼炮声中进了罗马,定居下来。女王广迎宾客,资助科学家和艺术家,赢得了罗马人的喜爱。

图3-2 克里斯蒂娜·亚历山德拉[4]

1664年,一颗彗星进入公众的视野,当时教宗的弟弟基吉(Mario Chigi)王子即刻通知了卡西尼。因此,卡西尼进入罗马城,时不时出现在基吉或者女王的宫殿,并帮助他们观察和记录彗星。

女王对彗星着了迷,也非常喜欢卡西尼的解说。从科学的角度,或者说从日心说的角度,卡西尼解释说彗星不是从地上冒出来的,而是像行星一样运动。女王非常惊异,要求详细说明。后来,卡西尼就写了一篇文章,定量解释了彗星的运行。这篇文章在天文史上相当重要,是第一次用定量推算的方式记录和解释彗星轨道。文章也获得教宗的欣赏,教宗要求卡西尼将文章敬献给自己。卡西尼只好遗憾地告诉教宗,文章已经敬献给女王了。

由于女王的关系,罗马城里刮起了天文风。要看到好的星象,当然得有好的望远镜。罗马城里经常举行比赛,评比两大制造名家迪威尼(Eustachio Divini)和坎帕尼(Giuseppe Campani)制作的望远镜。评委自然少不了卡西尼。

坎帕尼的望远镜,设计精巧,成像清晰,深受卡西尼的喜爱,帮助卡西尼完成了一系列突破性工作。这其中,就包括他对木星卫星的观察和星表的编制。他是观察到木星卫星在木星上投影的第一人。

▶ 星表

木星最大的 3 颗卫星,也被称为美迪奇行星。这个奇特的命名,是当年伽利略发现这些卫星时定的。他把这一发现献给了当时佛罗伦萨公国的统治家族——美迪奇家族(那个时候,卫星和行星没有严格区分)。因为当年伽利略前往罗马受审时,佛罗伦萨的大公曾出面保护他。不过教宗让大公收声,大公也只好躲在一边了。

如前所述,伽利略希望利用这些卫星来确定经度,并且还为此制作了星表。

这项工作并没有做完,他就交给了自己的一个学生雷尼耶(Vincentio Reinieri,1606—1647)继续进行。不想,在 1647 年雷尼耶却过早去世了。随着雷尼耶的去世,同时消逝的还包括伽利略的一部分观察记录和雷尼耶自己的工作记录。据说,这些东西被偷掉了。偷盗的事没有实据,成为一桩悬案。

1665 年开始,卡西尼继续了编星表的工作。他从伽利略最后的私人助手维维亚尼(Vincenzo Viviani,1622—1703)那里要到了伽利略制作的部分星表,同自己观察木星及其卫星的记录相参照,在担任博洛尼亚的首席水利长官之余,完成了星表的编制。

由于用上了先进的望远镜,卡西尼看到了卫星在木星表面的投影,还发现了木星表面的大红斑。由于当时天文观察颇为流行,所以有很多观察者都说自己比卡西尼先观察到了这些投影和红斑,引起了不小的争执。欧洲的各路小报也迅速跟进,报道这些争端。有好事者还专门推算卡西尼的行程,证明那些卡西尼自称用于观察的时间,应该是卡西尼在旅途上的时候,用以证明卡西尼不可能有精细的观察。最后,连克里斯蒂安·惠更斯也参与了评论。不过,惠更斯认定是卡西尼做了这些工作。

1668 年,美迪奇行星的星表在博洛尼亚发行。伽利略、雷尼耶、卡西尼,前赴后继,历时 50 多年,使星表终于面世[4]。

星表一发行,就迅速传遍欧洲。基于木星卫星的星表,从世界的不同地点观察木卫蚀,成了确定陆地上的经纬度的重要手段。

1670 年,受法国国王之邀,卡西尼带上他长达 11 m 的望远镜(见图 3-3),

图 3-3　卡西尼(背景是法国天文台,天文台前面就是 11 m 长的望远镜)

去到法国天文台担任台长。教宗本来以为卡西尼只是短暂地去法国干个一两年，就同意了卡西尼的行程。谁知卡西尼就娶妻生子，乐不思蜀，在法国扎下根来，并且四代人都担任了法国天文台的台长[4]。

罗默的观察

▶ 乌拉尼堡

法国天文台的第一个重要任务，是利用木星卫星的星表，通过测量经度，准确测量法国的大小。这件事在卡西尼发表星表后就启动了，启动者是法国的天文学家皮卡德。在卡西尼到达后，就由卡西尼接手领导进一步工作。

法国天文台是新建的，在卡西尼到达时，才修到 1 楼。当天文台启用时，作为法国总的经纬度的坐标中心，其本身是缺乏相应的天文数据来与历史数据比较的。因此，他们必须找到一个历史上有名的天文中心，将法国天文台的数据和那个中心的历史数据比较。而进行这样比较的前提，则是要准确知道法国天文台和这个中心的经纬度差距。

他们选中了乌拉尼堡，并开始了相应的经度测量工作。

先说乌拉尼堡。

16 世纪，欧洲的王室都热衷于资助科学研究和海外探险，丹麦王室也不例外。丹麦国王资助天文学家第谷，并将汶岛划给第谷。1576—1580年，第谷在这里先后建了两座天文台，其中第一座即乌拉尼堡天文台。第谷大量的数据以及后来开普勒分析的大部分数据都来自这个天文台。因此，这个天文中心足够有名，并且有足够多的可以对照的记录。

再说经度测量工作。

1671 年，由皮卡德带队，一队人马来到汶岛；而卡西尼坐镇巴黎天文台。在规定的日期对应时间段，两队人同时观察木卫蚀；然后皮卡德的人再回到巴黎，将数据在巴黎汇总计算。如前所述，测定结果表明，汶岛在巴黎以东 10°32′30″[5]。

▶ **有限的光速**

在 1671 年的观察中，25 岁的丹麦人欧勒·罗默（见图 3-4）成了皮卡德的助手，帮助观察；1672 年，又去到巴黎作为卡西尼的助手，接着观察木星卫星的情况。

图 3-4　罗默

罗默在观察中，注意到一件非常特别的事，木卫一（即伊娥）两次出现星蚀的时间不固定；时间周期的差，达到了 1 分钟以上。从现存的罗默的手稿看，有罗默整理的从 1668—1678 年间 60 次关于木卫一的记录。这些记录，包含了罗默做学生时在哥本哈根的圆堡、在乌拉尼堡、在巴黎持续不断的观察。

正是从这些观察中，罗默发现，木卫一的显现时间间隔周期或者消隐间隔周期并不固定。

什么原因造成了这样的不固定呢？罗默给出了他的解释：光速是有限的。在不同的时段观察木卫一的显现或者消隐，由于地球不停地绕太阳旋转，所以两次观察间，木卫一到地球的距离不同，光到达地球需要的时间也不同,最后光正好造成了间隔时间的变化。

为什么木卫一周期间隔变化会受光速影响呢? 我们来看看罗默的解释:

如图 3 - 5 所示,木卫一之所以会发生星蚀,是因为其进入了木星的阴影区,这样就不能被太阳照到,也不能反射阳光了,所以地球上用望远镜观察,就会觉得木卫一沉入黑暗之中,也就观察不到它了。星蚀分两个阶段,分别是消隐和显现,分别是指木卫一进入阴影区和离开阴影区的过程。而木卫一在绕木星的轨道上周而复始地旋转,如果其旋转周期固定,则它总是经过等间隔的时间到达同一位置。但是,对于我们这些观察者而言,由于我们在地球上,那么在地球绕太阳轨道的不同位置,比如图 3 - 5 中的 T_1, T_2, T_3, T_4 位置,我们看到在其自身轨道上的木卫一到地球的距离 L_1, L_2, L_3, L_4 并不相同。如果光速是有限的,而且其有限性在这样的距离 L 的变化中体现出来,那么最后我们就会发现,如果木卫一转 1 圈的周期固定的话,那么地球上观察到的木卫一旋转周期在地球从 $T_1 \sim T_2$ 的运动过程中,看起来就要长些,因为每次光都要多走些路;反之,如果地球从 $T_3 \sim T_4$ 的过程中,木卫一的周期就要短一些。

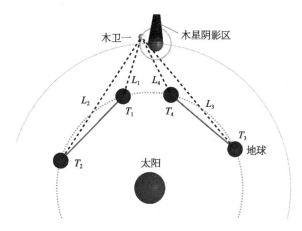

图 3 - 5　用光速有限解释木卫蚀的周期变动

图 3 - 6 就是《学者报》(*Journal des sçavans*)1676 年 12 月 7 日报道罗默的解释的新闻所用的图[6]。图中 D 是木卫一消隐的点,可以被 K 和 L

位置的地球看到;而 C 是木卫一显现的点,可以被 G 和 F 位置的地球看到。

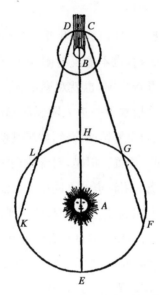

图 3-6   1676 年 12 月 7 日新闻报道罗默的解释用图

实验本身的结果,是 8 年的观察结果的总结,参与者包括罗默、皮卡德、卡西尼。最能显示延迟的例子,是 1672 年 3 月 7 日晚上 7 点 58 分 25 秒观察到木卫一的隐没,到 3 月 14 日晚上 9 点 52 分 30 秒观察到木卫一的再次隐没。这段时间木卫一绕木星转了 4 圈,所以可以算出观察得出的平均轨道周期为 42 小时 28 分 31.25 秒。但是到了 4 月 29 日晚上 10 点 30 分 6 秒,这时从 3 月 7 日算起木卫一已经转了 30 圈,再次观察到木卫一隐没。对这转 30 圈的时间求平均,可以求出平均轨道周期为 42 小时 29 分 3 秒,比之前一个平均值多了 32 秒。如果用光速有限引起观察延迟来解释,确实合乎逻辑。

木卫一的星蚀周期不固定的情况,卡西尼在当年做星表的时候,就已经注意到了。据说,最早的怀疑也是卡西尼告诉罗默的。

罗默的解释并没有被卡西尼完全接受,卡西尼只把其列为可能的原因之一,另外的原因还包括地球轨道的不规则和木星轨道的不规则。而且罗默同时也受到了皮卡德的类似怀疑。卡西尼最有力的质疑是,为什么木星的另外两颗卫星——木卫二和木卫三没有类似的结果？而罗默的坚定支持者惠更斯也向罗默提过这个问题，并寻求罗默的解释。罗默勉强解释说，其他两颗卫星有别的原因引起了不规则运动，而这种不规则运动太大，所以掩盖了光的速度有限引起的相关效应。

要在牛顿创造了引力理论以后，才能推算出卫星与木星以及卫星和卫星之间的相互影响，才能真正分清楚哪些是引力的成分，哪些是有限光速的影响。

所以，这个解释在当时相当勉强。

▶ 光速的推算

罗默自己没有真正推算过光速。惠更斯依据罗默的数据，对照新闻报道上的图，作了如下估算：

"如果我们考虑到 KL 的最大尺度，这个值我估计是 24 000 个地球直径，那么我们就可以估算出光速最大可能是多少。假定，KL 不会大于 22 000 个地球直径，那就意味着 22 分钟走完 22 000 个地球直径，就是 1 分钟走完 1 000 个地球直径，就是 1 秒钟或者心跳一下，走完 $16\frac{2}{3}$ 个地球直径，也就是说光速大于 11 000 000 托伊斯/秒（即 22 000 000 m/s，作者注）"[7]。

虽然当时没有太多人认真对待惠更斯的估算，但是罗默光速有限的看法还是得到了非常多的人的支持。光速有限的概念，也逐渐传播开来。

这是人类历史上第一次真正估算光速。

作为本书最重要的线索，我很想把这一段写出花儿来。但是历史就是那么平静，一个重要的结果，非常不经意地就出现了。后世的评述很多，但是你查不到罗默本人的讨论或者分析，罗默的论文也毁于 1728 年哥本哈根的大火，更没有大段的故事可讲[8]。

我们只知道，1681 年，罗默回到哥本哈根，娶妻生子，担任教授，从政，做了些发明，然后平凡地死去，葬于哥本哈根大教堂[9]。

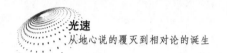
到火星的距离

细心的读者一定会发现一个问题,惠根斯凭什么估算木星轨道的最大直径是 24 000 个地球直径?

这是因为开普勒的三定律和日地距离的确定。

▶ 开普勒三定律

很多人学过开普勒三定律,也有很多人不知道。

开普勒第一定律:所有行星绕太阳的轨道都是椭圆的,太阳在椭圆的一个焦点上。

开普勒第二定律:行星和太阳的连线在相等的时间间隔内扫过的面积相等。

开普勒第三定律:所有行星绕太阳一周的时间的平方与它们轨道半长轴的立方成比例。

开普勒的第一、第二定律是 1609 年发表的,主要指明行星的轨道是椭圆的,以及行星在椭圆轨道上运动的速度是什么样子的。这两个定律主要的意义,是打破了前人坚持天体运行沿圆形轨道的概念。这一点下一章讨论。

而发表于 1619 年的第三定律对天文观测则有决定性的意义。因为如果我们知道了两个行星绕太阳旋转的周期,也就意味着知道了两个行星轨道半轴的比例关系。在天文观察中,地球本身的运行周期就是 1 年,而别的行星的运行周期也很容易通过天文观察确定,即使地球在运动,也很容易根据这颗行星相对恒星和太阳在天空中的位置形成的轨迹,来计算出这颗行星绕太阳旋转的周期。比如,火星的旋转周期大约相当于两个地球年,也就是说火星的轨道半长轴是地球的半长轴的 $2^{\frac{2}{3}}$ 倍。

而根据开普勒第一和第二定律,也很容易确定火星轨道的半长轴和地球轨道半长轴的夹角。所以只要求出地球和火星在某个时刻的相对距离，我们就立刻可以计算出火星轨道的半长轴和地球轨道的半长轴。

因此，1672 年，卡西尼领导下的法国天文学家们，还完成了一件事，就是测定火星和地球的距离。

▶ 火地距离的测定和日地距离的计算

查阅历史，除了里切尔（Jean Richer，1630—1696）在法国科学院的工作，我们查不到更多的信息。我们只知道，里切尔在 1666 年加入法国科学院，估计就是个普通的初级工程师[10]。

一个机构要活下来，首先要完成的，与其说是学术任务，不如说是政治任务。当时法国科学院的比较"科学"的任务，就是满世界跑去验证经度以"荣耀伟大的法国国王"。开始是惠更斯的摆钟，其次是卡西尼的经度测量。因此法国科学院分别于 1670 年和 1672 年，派出探险队，来进行相关验证。这两次探险的队伍中都有里切尔。

1670 年的最大任务是验证惠更斯的摆钟。这次任务完成得很不好。要知道，惠更斯是当时法国科学院的院长。这位院长抱怨道：

"里切尔整个行程就没把钟管好！由于缺乏润滑油，整个钟多多少少被搞坏了；由于没仔细看说明书，回程的时候又没有把钟设好。"……"总之，这次不成功，与其说是钟有问题，不如说是观察者的粗心大意。"[10]

了解历史的我们，当然知道，惠更斯死后 100 年，航海钟才成功。

好在惠更斯是个好领导。几年后，他还是承认，是钟有问题，而不是里切尔有问题。

这边厢再说里切尔。挨完了骂的里切尔，还是在 1672 年，去执行测量火地距离的任务。

测量火地距离的方案是这样子的：

里切尔带队去到法属圭亚那的卡宴（Cayenne）岛，和在巴黎的卡西尼团队，同时依靠木卫蚀发生的时刻来计时，观察发生木卫蚀的时候，木星在天空中的位置和火星在天空中的位置。

根据木星在天空的位置差异，就可以求出卡宴和巴黎的天文台之间的相对经纬度差异;在知道地球半径的情况下,就可以算出巴黎天文台和卡宴岛之间的直线距离。根据火星在天空中的差异,就可以算出这两个位置对火星的观察角度。利用这些参数,就可以求出火星到地球的距离了,如图 3-7 所示。

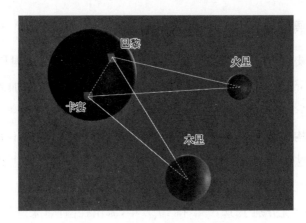

图 3-7　测定火地距离的原理

卡西尼由这次实验的数据,通过开普勒定律,最后计算出的日地距离为 140 000 000 km,只比现代值 149 600 000 km 小 7%。以这个距离为基础,再通过开普勒定律,整个太阳系当时已知的行星到太阳的距离,都可以估算了。

这就是惠更斯后来估算地球轨道直径的依据。

顺便要插一句。1672 年里切尔之行还有一个重要任务,就是校正惠更斯的摆钟的秒针的计时准确性。在卡宴,同样的摆钟走一天要比巴黎慢 2 分 28 秒。这说明地球在赤道加速度更小,地球是个扁球。这个结果后来被牛顿所引用。

比之卡西尼、惠更斯这些天王巨星,罗默、里切尔都是些小人物。但是,小人物也有春天,因为,科学是公平的,她是一个敬业、热爱、坚持和有献身精神的人。

▶ **视差**

在地球上不同位置观察火星的方法,叫作利用"视差"。

什么是视差呢？

想一想你是如何看出一个物体离你是远还是近的。人的双眼是通过物体投影到视网膜的不同位置来判断物体的距离的。在图3-8中，球、方块和圆柱分别投影到代表左眼的左相机和代表右眼的右相机,容易发现,若物体离相机越近,在照片中的相对位置差别越大,反之则越小。

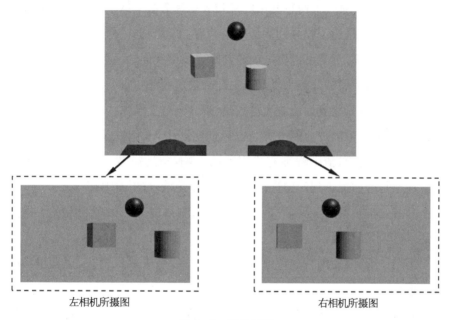

左相机所摄图　　　　　　　　右相机所摄图

图3-8　视差原理

我们照片上相对位置的差异叫作"视差"。人眼正是通过这种"视差"来判断物体离我们远近的。

如果物体离我们非常远,那么投影到眼睛上的相对位置,就没有差别了。我们只能看出这个物体离我们很远很远,但是到底多远,就判断不出来了。

两个眼睛之间的连线叫作基线。基线的长度决定了我们对远近的判断水平。概略地说,视网膜通过视觉细胞来分辨物理影像,视觉细胞的大小,决定了我们对视差的敏感程度;因此,在基线长度一定的情况下,对人眼而言,一个物点到基线的垂线的长度,就决定了我们对视差的感知。

人们的天文观察利用了和眼睛观察一样的原理。所以叫利用"视差"。

在英文中,这个词是 parallax,是指在一定分辨水平上通过三角测量的原理来测定物体的相对位置。这个词在英文原意里,有观察角度的意思,但不一定是某人的一对"眼睛",所以也不一定是"视"差。中文翻译将这个词翻译为"视差",是容易引起误解的。但是,用眼睛的立体视觉来解释这个概念,又不失为一个好办法。

说回天文观察。卡西尼利用巴黎和卡宴两个在地球上相距遥远的地方来测量火星,就是为了充分利用地球的直径,加大观察的基线长度,在分辨水平一定的情况下,就可以更准确地判断火星离我们的远近。

那天文望远镜的分辨水平又是由什么决定的呢?

直观考虑,只要望远镜放大倍数足够大,天空上紧紧挨着的两颗星星就算再远,我们也可以把他们分开。在长期实践中,人们发现,不是这么一回事。望远镜口径对清晰程度有决定性的影响,望远镜越大,清晰程度才越高。这也是卡西尼拿到的望远镜比竞争对手更清晰的原因之一。

随着光学技术的发展,人们发现这个限制是由光的衍射引起的。这是后话,这里不展开说。

小结一下,要利用"视差"原理做天文观察,基线要尽量长,望远镜口径要尽量大。

对古人而言,在伽利略之前,连望远镜都没有,所以他们的观察是有技术上的局限的,这个局限对日心说和地心说的争执有决定性的影响。

参考文献

[1] Ignazio Danti. https://en. wikipedia. org/wiki/Ignazio_Danti.

[2] San Petronio. Bologna. https://en. wikipedia. org/wiki/San_Petronio,_Bologna.

[3] Cassini — Science the Church and a Gnomon. https://thefogwatch. com/cassini-science-church-gnomon/.

[4] Gabriella Bernardi. Giovanni Domenico Cassini, a modern astronomer in the 17th century. Springer Biographies, 2017: 29 - 35, 43 - 47, 59.

[5] History of longitude 关于皮卡德的注解. https://en. wikipedia. wiki/wiki/History_of_longitude#cite_note-Picard-46.

［6］Journal des sçavans. http：//en. wikipedia. org/wiki/Journal_des_s％C3％A7avans.

［7］*If one considers the vast size of the diameter KL，which according to me is some 24 thousand diameters of the Earth，one will acknowledge the extreme velocity of Light. For，supposing that KL is no more than 22 thousand of these diameters，it appears that being traversed in 22 minutes this makes the speed a thousand diameters in one minute，that is* $16 \frac{2}{3}$ *diameters in one second or in one beat of the pulse，which makes more than 11 hundred times a hundred thousand toises.* https：//en. wikipedia. org/wiki/Rømer's_determination_of_the_speed_of_light ♯ cite_note-27.

［8］Rømer's determination of the speed of light. https：//en. wikipedia. org/wiki/Rømer's_determination_of_the_speed_of_light.

［9］Ole Rømer. https：//en. wikipedia. org/wiki/Ole_Roemer.

［10］O'Connor J J，Robertson E F. Jean Richer（1630 – 1696）— Biography — MacTutor History of Mathematics（st-andrews. ac. uk），2012 – 01. https：// mathshistory. st-andrews. ac. uk/Biographies/Richer/.

第 4、5 章导读

这两章是为光行差而写。

第 4 章,介绍了日心说和地心说的斗争历史。日心说和地心说在科学上的争论焦点是:① 地若动,地上物为何不反向动;② 行星轨道是否是完美的圆形;③ 远处的星星为何不随地动而动。伽利略和开普勒为日心说回答了前两个争论点,而远处星星是否在动,则成为遗留的争论点。

第 5 章,为了观察远处恒星的运动,布拉德利受邀而观察天桴四。在这一观察中,布拉德利发现了意外的结果;最后,布拉德利通过光行差解释了这一意外。通过光行差,人类第一次比较精确地得到了光速。为了说明测量精度对相对论诞生的影响,本章末尾打乱历史叙述次序,介绍了菲索和傅科的光速测量。

4 日心说与地心说

罗默测光速后 50 年,天文学上机缘巧合,又出现了一个新的测量光速的实验。

为什么有这样的机缘?如前所述,是因为恒星视差。为什么是恒星视差?就要先了解地心说与日心说的历史。

地　心　说

▶ 托勒密的模型

为了说地心说的模型,得先弄清两个概念,一个是天球,一个是逆行。

先说天球。

"天似穹庐,笼盖四野。"假设我们站在大地之上,查看四周,仰望天空,就会感觉天空是个像蒙古包那样的半球;如果把这个半球补齐,想象成一个整球。这个整球,就是天球的想象基础。

在天文学中,天球[1]是想象出来的一个与地球同球心,并有相同的自转轴,半径无限大的球(见图 4 - 1)。所有的日月星辰,都可以从地心出发投影到在这个球上。我们也可以为天球定义经纬度。日月星辰在天空中每时每刻的位置,就可以用天球上的经纬度来表示。在观察的时候,根据我们在地球上位置的不同,观察到日月星辰的轨迹就相对天球的经纬度有所不同。

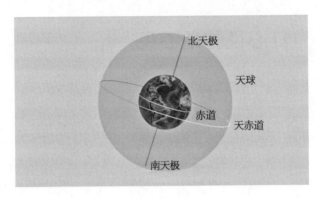

图 4-1 天球

古希腊的观察者们早就发现,如果忽略地球的自转,行星(比如火星、金星)在某些时段,在天球上会朝某个方向走一段;在另一些时段,又反向走了。这就是行星的逆行[2]。在已经有日心说的今天,我们很容易理解这个现象。如图 4-2 左图所示,其中点 M 代表某颗行星,比如火星,点 E 代表地球。本来点 E 和点 M 都绕着太阳 S 做 1→3→5→7→9→11 这个方向的运动。但是如果认为地球静止不动,即右图 E_1 固定不动,就有段时间(即 3→5→7→9)火星 M_1 在天球上的投影是逆行的。

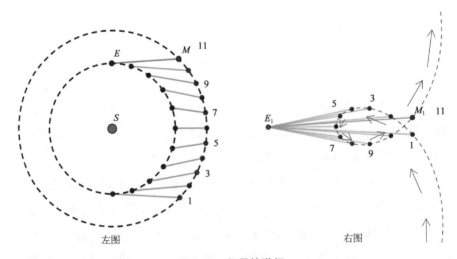

左图　　　　　　　　　右图

图 4-2 行星的逆行

如果认为地球是宇宙的中心,那么该如何解释行星的逆行呢?

生活于公元 2 世纪的罗马帝国的埃及行省的托勒密(Ptolemy,约公元100—公元170)结合其天文观察和前人的思想,提出托勒密的宇宙地心说模型。这个模型对日月星辰的运行轨迹在天球上的投影,都有相对精准的描述。

托勒密继承了从古希腊的柏拉图(Plato,约公元前 428—公元前 348)、亚里士多德(Aristotle,公元前 384—公元前 322)那里传下来的哲学思想,认为完美的形状是球形,完美的运行是沿圆形轨道做匀速运动。但是,相对精准地观察天象会发现,日月的运行,划过天空中的速度不是均匀的,行星还有逆行。托勒密的模型与前人最大的不同,是让地球的位置,偏离了整个圆周的中心,如图 4-3 所示;这样,太阳、月亮的运动,就有了远地点和近地点,可以解释其运动不均匀的现象。在此基础上,针对行星,托勒密依然按照传统的办法,加入本轮,行星的小圈轨道的中心绕着大圈(即均轮)的轨道做逆时针的运动,同时行星沿着小圈表示的轨道做顺时针的运动。这两个轨道的合成结果就可以完全解释水木金火土五大行星的运行规律,并解释行星的逆行了。本轮-均轮体系的设计,并不是托勒密创立的,托勒密真正

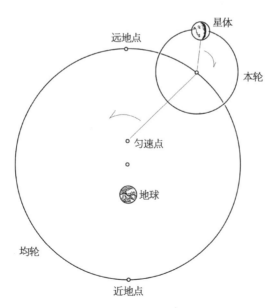

图 4-3 托勒密的地心说

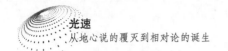
的贡献,是匀速点的设立。匀速点位于地球对于均轮圆心的对称点上,其与本轮的圆心的连线,在单位时间内会扫过相同弧度的均轮圆弧[3,4]。

▶ 古希腊的日心说

你一定会觉得奇怪,为什么要用这样复杂的系统,难道不可以使用日心说消除行星的逆行现象吗? 古希腊人没有想到吗?

不,不是。古希腊人早就想到了。

阿里斯塔克(Aristarchus of Samos,约公元前 310—公元前 230)早在公元前 3 世纪就想到了。而且,他不是凭空猜测,是在测量和估计太阳大小的基础上,做出了模型。

首先,这个模型与古希腊人关于物质元素的朴素观念相违背。古希腊人认为物质为土气水火四大物质构成,重的东西往下沉,是水和土;轻的东西往上飘,是气和火。而往外宇宙之最外层,按照亚里士多德的设想,是以太构成的壳,完全没重量,恒星都嵌在这个壳上。所以,亚里士多德的模型,是水在土外,空气在水外,以太在空气外,一层层往上的模型[5]。阿里斯塔克让地球转起来,使得土离开了中心的地位,和亚里士多德的模型是矛盾的[5]。

另外,阿里斯塔克的模型在当时还有 3 个问题。① 人们直觉性地觉得,如果地球在走,而你扔出去的东西不走,那么你扔出去的东西应该向地球运动的反方向走。但是,我们在生活中观察不到这一点。② 按照古希腊人的哲学观念,圆的运动头尾相接,均匀对称,是完美的,所以圆周运动是高级的,日心说没有办法提供一个更高级简洁的基于圆周运动的模型。③ 如果地球在动,远处的恒星不动,那我们就可以察觉到远处恒星在每年的不同时段应该处于不同的相对观察位置,而当时的天文观察不支持这个说法。阿里斯塔克的反驳是,恒星太远了,所以我们察觉不到他们的相对运动。但在当时,恒星到底有多远,谁也说不清,也没法估计。这 3 点被后世的人们反复争论[6]。

本来,实践和理论是相互促进的,这些都是正常的争论。但是随着宗教的介入,这一切就不能正常进行了。

▶ 地心说统治地位的由来

公元 415 年，基督教早在罗马帝国旧境取得统治性的地位，一群基督教的暴民把哲学家和数学家希帕蒂娅（Hypatia，约公元 350—公元 415）从马车上拖下来，绑架至一座教堂中，将她剥光，用贝壳割她的肉，挖她的眼，再把尸体拖过大街，到城外焚烧（见图 4-4）。由于希帕蒂娅是柏拉图学院的院长，所以，这一事件，被看作是古典思想的式微[7]。到公元 529 年，查士丁尼大帝（Justinian Ⅰ，公元 482—公元 565）完全停止了亚历山大图书馆的拨款，古典思想画上了休止符[8,9]。

图 4-4 希帕蒂娅之死

在漫长的中世纪，古希腊的文明思想只好转而在阿拉伯世界传播，日心说和地心说都在阿拉伯世界得以延续[10]。

有趣的是，基督教取得统治地位的早期，基督教的思想家奥古斯丁本人也是柏拉图的信奉者。所以基督教的思想里潜伏了古希腊文明的基因[6]。颇有暗示意义的是，希帕蒂娅死后不久，基督教就把她塑造成受难英雄，其死亡也被解释为当时一个主教出于嫉妒而造成。而后，希帕蒂娅一路封神，

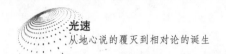

到公元 8 世纪,希帕蒂娅变成了圣女克里斯蒂安娜(Catherine of Alexandria)转世,成为基督教的象征人物。

而希帕蒂娅做过的重要工作之一,就是保存和编辑托勒密的地心说著作《至大论》(Almagest)。

公元 11 世纪,随着欧洲手工业和商业的恢复和发展,知识的需求变得越来越旺盛;随着十字军东征胜败的变化,君士坦丁堡的手艺人和贵族向西逃跑,带给欧洲大量书籍,希腊的文明又被"重新发现"[6]。宗教改革运动随之兴起,托马斯·阿奎那(Thomas Aquinas,1225—1274)成为这场改革的旗手。他先是被称为"异端",后被封为"圣徒"、"天使博士"。正是托马斯的影响和推动,经过删改的亚里士多德的思想成为基督教的正宗,随之而来的,是托勒密的地心说也成为基督教的正宗。所有反对地心说的人,都会面临成为"异端"的危险。

至 13 世纪,十字军东征失败,黑死病肆虐欧洲,教廷一度被迫迁往法国。这 3 件事,使得教廷威信受到极大伤害,宗教改革被迫启动。宗教思想家们开始质疑神是否有足够的理性,婉转地承认自然的客观性,并展开科学研究[11]。教廷一方面要利用科学来保证宗教本身的地位,一方面又害怕科学削弱其地位。在这种矛盾的态度中,文艺复兴开始,科学也在压制中逐步兴盛。

日　心　说

▶ 哥白尼

1473 年,哥白尼(见图 4 - 5)生于波兰的托伦城。幼年丧父,由舅舅带大。至成年,由舅父送往意大利学习医学和法律,并且在三年级的时候,转而学习教会法。因为波兰要时刻对付条顿骑士团的侵扰,所以他遵从舅舅安排,献身教会,终身担任教职。在舅舅死后,他还担负一定的管理要务,担任过俄尔斯丁教务总管,率领军队和条顿骑士团作战。

在担任神职之余,他集合二三同好,经常观察星象。由于他的观察比教

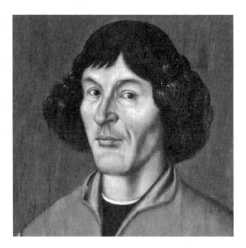

图 4-5 哥白尼

会的预测更准确,私下里,朋友们要求他把自己的理论写下来。哥白尼开始写作《天体运行论》(*On the Revolutions of Heavenly Spheres*)[12]一书(以下简称《运行》)。

由于哥白尼编写的小册子在小圈子里传播,所以罗马教廷很快就得到了消息,知道哥白尼在写书。先是哥白尼的好友因不做圣功而被拘捕,后是与哥白尼同居 10 年的女友被驱逐出波兰。再后来,连教皇也致信垂询。甚至专门有红衣主教致信来收缴书稿。

正是在这样的压力下,哥白尼完成了《运行》。书的出版也历经艰辛。一个路德教徒自愿成为哥白尼的学生,并说服哥白尼出版《运行》一书。书稿经过朋友们的删减和安排才得以出版。当哥白尼 1543 年拿到了他的书《运行》后几个小时,就撒手人寰[13]。

《运行》一书,一开始是给教皇的回信。在信中,哥白尼开篇就质疑了地心说学说的不统一。"……对日月的认识就很不可靠,对回归年都不能测出一个的固定长度……对五颗行星,测定其运动时使用不同的原理……像一个不同的人的手脚头拼接起来的怪物……"

如图 4-6 所示,在哥白尼的宇宙模型中,太阳居于宇宙的中心,月亮则和地球在接近的轨道上绕太阳旋转。而其他行星的顺序则和现代的结果完全一致。这些结果对现代人而言只是常识,但在当时,则与主流学说完全不

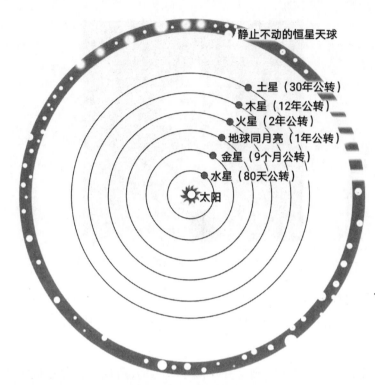

静止不动的恒星天球

土星（30年公转）
木星（12年公转）
火星（2年公转）
地球同月亮（1年公转）
金星（9个月公转）
水星（80天公转）
太阳

图 4-6　哥白尼的日心说[15]

同，难免被视为异端。

针对日心说的 3 项疑问，书在第一卷中也有解答。第一个是地动而东西为什么不反向运动的问题。哥白尼在第一卷第八章引用了诗歌："我们离开港口远航，陆地和城市悄悄退向后方。"他又进一步分析到，船上的东西也是随船一起动的，如果不看外面，你是感觉不到这些东西在运动的。这个比喻非常形象。虽然哥白尼没有提出惯性的概念，但是这个比喻已经有了雏形。并且，哥白尼还对亚里士多德的力学概念作了一系列分析，来说明这些概念在运用的时候可能产生的矛盾。关于第二点，天体做圆周运动，哥白尼在第九章没有提出质疑，而是认为，使用日心说，同样可以坚持圆周运动，而且更简单更统一。第三点，为什么我们感觉不到远处恒星的相对运动，哥白尼在第十章依然坚持了恒星离我们太远了的理由[14]。

哥白尼的模型提出后，对于太阳的运动数据，解释得更好也更精确，但是对于月亮和行星,他的模型比之地心说并不占优,而且他还需要设置更多的本轮来校正行星的运动。对月亮轨迹的解释也不够准确。

哥白尼的书在出版前,教廷就思考过对策。他们认为,书是用拉丁文写的,而且需要大量的数学知识,所以就没有禁止,任其发行,并且在大学和教堂的图书馆里,都有哥白尼的书[13,15]。

▶ 布鲁诺

哥白尼死后 30 多年,1576 年,一个年轻人在圣多明我修道院的图书馆里,读到了《运行》。而后,这位年轻的博士祭司经过深思熟虑,脱下僧袍,踏上了逃亡之路。他就是布鲁诺(Giordano Bruno,1548—1600,见图 4-7),一个叛逆者、诗人、哲学家,在彼此冲突的教派的狭缝里寻求生存,到处游荡,到处宣扬着他的学说和哥白尼的日心说,而且,他的学说比哥白尼的学说更激进:宇宙是无边无际的,没有中心;太阳只是宇宙大家庭的一员。最终,他被罗马教廷诱骗回到意大利,受了 8 年的酷刑和折磨,被审判而不屈服,最后到 1600 年,被烧死在鲜花广场上[15]。

图 4-7　布鲁诺

但是,布鲁诺精神不死,而是开启了人类思想的新视界。
"没有世界就没有上帝"[15]。

这振聋发聩的声音,影响了一代又一代的哲学家和科学家。

只有视界,才能突破旧有思想的桎梏,让我们重新审视原有的事实,寻求新的解释。

有一种观点是说,布鲁诺的死,是由于其异教徒的观点,其宣扬日心说并不是主因[16]。

我们要说,宣扬异教徒观点又如何?我们现在觉得普普通通的宇宙无限的观点,不正是由这个异教徒宣扬出来的吗?有人说,在当时,布鲁诺没有任何依据,仅仅是疯狂的执念导致他这么去宣扬的。那么,我们要问,难道宇宙有限的观念,是受到什么观察和实验事实的支持吗?

打破旧观念,是建立新学说之必须。我之所以用这样长的篇幅来讨论布鲁诺,就是想向大家宣传这一观点。

▶ 第谷的模型

哥白尼死后约 30 年,1572 年,客星入侵。明朝的天文观察记录到:"明隆庆六年十月初三日丙辰,客星见东北方,如弹丸。出阁道旁,壁宿度,见微芒,有光。历十九日,壬申夜其星赤黄色,大如盏,光芒四出……"[17]

我们现在知道,这是一颗超新星爆发。这颗星是如此耀眼,全世界的天文学家都进行了观察。在欧洲,进行观察的天文学家中,就有第谷·布拉哈(见图 4-8)。这颗星,后来就被称为第谷超新星。第谷超新星爆发之时,第谷 25 岁,伽利略 8 岁,开普勒 1 岁。

这次超新星爆发持续了 17 个月,第谷使用自制的 6 英尺长的六分仪对这颗超新星进行了长期的观察。观察的结果说明,超新星与其他恒星的位置比较,是固定不动的。按照亚里士多德的说法,这些恒星是嵌在天球的以太上的。以太是完美的,固定而无变化的。这个结果表明,在完美的以太天球发生了变化。我们现在知道,那是一颗恒星的死亡[18]。

这种说法对以太天球是个明显的挑战,使地心说的潜在基础受到威胁,更使得 25 岁的第谷趋向于日心说。

但是,对于进行精细观察和计算的天文学家而言,哥白尼的推算仍然有问题,计算结果不比地心说准确。从数学计算上讲,那个时候大家使用的是

图 4－8　第谷·布拉哈

类似现在的三角函数的计算,地心说运算过分复杂;而日心说又没有明确回答地球运动后,地球上的东西为什么没有反向走的问题[19]。由此,第谷想出了一个折中的方案:第谷模型(见图 4－9)。这个方案,按第谷自己的话说,"既避免了托勒密系统在数学上的荒谬,又避免了哥白尼系统物理上的荒谬"[19]。

在第谷的模型中,地球依然居于宇宙的中心,太阳和月亮绕地球转,行星绕太阳转。这样,第谷就完美避开了地动的问题,又让行星轨道绕着太阳转,解决了所有行星轨道在计算上的一致性。对远处的宇宙,他依然保留了恒星所在的天球,虽然他没有涉及这个天球完美与否,但是总体而言,和地心说的模型差别不大。

这个模型在 1588 年第谷的书中就包含了,而且由于与地心说差别不大,后来也成为罗马教廷接受的方案,并且成为教廷用以反对伽利略学说的重要理论。

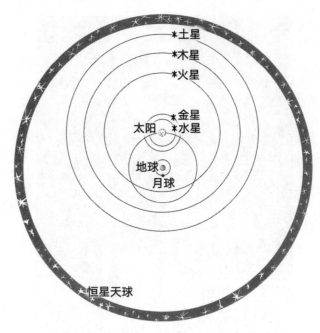

图4-9　第谷的折中模型[19]

日心说的崛起

▶ 伽利略的实验

如果你喜欢翻看人物传记,那么大多数的朋友都对两个铜球的故事耳熟能详。这个故事是说,在1589—1592年,也就是伽利略在比萨大学教书期间,从比萨斜塔上抛出一大一小两个铜球,观察到两个铜球最后同时落地。这个故事是伽利略的一个学生记载的[20]。大多数历史学家都认为,这不是真实发生的事件,而是一个思想实验[21]。

这个思想实验的重要意义,是将加速度和重量的概念区分开来了。在亚里士多德的理论中,重的东西下落快,而轻的东西下落慢。伽利略是反对这个看法的。

不论两个铜球的实验,是不是一个思想实验,伽利略本人都主张从实验观察出发来下结论。他自己进行了一系列相关的力学实验。我们现在最熟悉的斜坡滑块的实验，就是伽利略一遍又一遍试出来的。这些结果，也都系统性地写入了伽利略的晚年著作——《两种新科学》一书中。他总结出物体沿斜面下滑距离与下滑时间的平方成正比的规律；还研究过弹丸为什么呈抛物线运动的问题。在抛物线运动的分析中，作为一个定理，伽利略指出弹丸的水平运动是匀速的运动；整个运动是水平匀速运动和垂直加速运动的合成。虽然没有使用惯性一词，但是伽利略的分析是把惯性蕴含在他的理论中的[22]。

有了惯性和速度合成的概念，就容易解释为什么在地动的情况下，物体在自由下落过程中，没有向地动的反方向运动。在《两个世界体系的对话》一书中，伽利略就作了个生动的描述。假设有一艘航行在海上的大船，船上有塔，有人从塔上抛石头；从船上的人来看，石头是垂直落下的，感觉不到船动的影响；而在船外的人看，石头是沿抛物线下落的，说明在水平方向上，石头和船是一起运动的。对于船上有空气朝反方向跑的问题，伽利略进一步论证到，是因为地球这艘"船"太大，空气也是随着地球一起运动的，所以就感觉不到空气的反方向运动了[23]。

这样，关于日心说在力学上的问题，就被伽利略解决了。

▶ 新天文学

早期的折射式望远镜基本分成两种类型，一种是伽利略型，望远镜由一块凸透镜和一块凹透镜构成；而另一种类型就是开普勒型，望远镜由两块凸透镜构成[24]。

1609 年伽利略制作望远镜后，对天体做了一系列的观察。这些观察中，有一类，是对金星相位的观察[25]。金星比我们更靠近太阳，伽利略观察到了金星像月亮一样，有类似月圆月缺这样的变化。尤其是金星出现"满月"的位置，说明地球和金星各在太阳的两侧，而不是地心说描述的，金星在地球和太阳之间[26]。这个观察结果，使得当时绝大多数天文学家只好放弃托勒密的系统，而偏向类似第谷的折中系统[30]。伽利略本人一直是一个哥白尼日心说的信奉者，这些结果不过是更坚定了他的信念。

从通信记录来看,开普勒与伽利略可谓志同道合。伽利略用望远镜观察星象以后,就写信给开普勒以求支持。开普勒进行了热情的回应和宣传,并在伽利略做望远镜后一年多,即1611年,也制作了望远镜。伽利略观察到的天文结果,开普勒也看得到[24]。对于开普勒而言,他不会再偏向第谷的折中系统,而只可能否定第谷的系统。

为什么呢?我们来看看开普勒的思想历程。

1571年,开普勒出生在神圣罗马帝国的一个小镇(现属德国),年少时就体现出特别的数学才能。他曾在属于路德教派的图宾根大学就读,公元1588年获得学士学位,由于获得了一笔奖学金,三年后在图宾根大学神学院的修道院获得硕士学位。在修读硕士期间,他的导师迈克尔·梅斯特林(Michael Maestlin)向他讲述了哥白尼的天文学。他经过深度思考,完全接受了哥白尼的学说[28]。

图4-10 乔纳斯·开普勒

　　当开普勒准备进一步学习,以便获得博士学位,并成为一名神父时,在格拉茨(Graz)新教学校的数学和天文学教师死了,急需一名教师到岗。经过推荐,开普勒被派往格拉茨学校补缺。虽然一万个不愿意,但是出于对宗教的虔诚,开普勒还是告别故土,远赴异国,去到了奥地利北端的格拉茨。但是,到了格拉茨,根本就没什么学生教。所以开普勒干了两件事,一件事是给人占卜;另外就是写一本关于哥白尼天文学的书[28]。

　　先说占卜,开普勒最大的特点是算得准。虽然开普勒一边说占卜是让瘾君子上瘾的迷信,一边又确实相信天上的事和地上的事有某种神秘的联系。史学家认为,由于他对心理、政治的敏感和对天文学的熟练掌握,所以其占卜可以根据事情发展进行合理推理,并且可以把这些事跟天象结合起来,讲得头头是道。占星给他带来不少外财。所以,占星,也是他一生的事业。他的导师对他搞占卜的事很不满,他辩解道:"上帝给每个动物以谋生的工具,我干占星不是很正常嘛。"[28]

　　再说开普勒写的这本书,名叫《宇宙的秘密》,非常有特点。一方面,开普勒按照当时流行的观点,从几何学出发,解释各个行星轨道之间的比例关系。如图 4 - 11 所示,他认为宇宙最外面是含有恒星的天球,中间是太阳,而各大行星的轨道则附在一层又一层的球上。这些球则通过与正多面体内外切的方式联系起来。古希腊人很早就知道,三维空间中,只有 5 种正多面体。所以,开普勒经过对 5 种多面体的某种排列,正好解释了当时知道的水木金火土和地球六大行星的轨道关系。并且,开普勒认为,这个解释也说明"宇宙中为什么只有六大行星"。开普勒在得到这个结论时,觉得受到了天启,喜极而泣[28]。

　　另一方面,开普勒创造了一种"天球物理学"的说法。这种说法认为,整个宇宙就是上帝的形象。太阳是圣父,天球是圣子,而在太阳和天球之间,就是圣灵。行星的运动,是圣灵控制的结果。太阳通过圣灵来控制行星的运动。这种控制力随着距离的增加而减弱。这样,开普勒也就解释了为什么镶嵌有恒星的天球不动,而离太阳越近的行星,轨道半径越小,绕一圈要的时间越少。开普勒得到这个结论时,再次觉得受了天启,再次喜极而泣[28]。

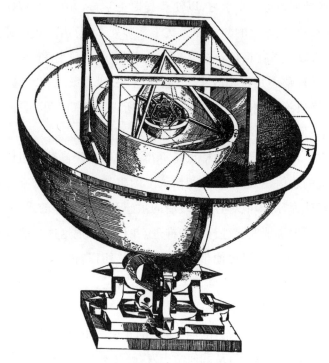

图 4 - 11　开普勒的宇宙模型[29]

1601 年,由于路德教派在格拉茨被清洗,开普勒不愿意皈依天主教,只好选择离开,接受第谷邀请,前往布拉格担任第谷助手。同年,第谷身故。开普勒接替第谷,担任帝国皇帝的御用数学家和天文学家[28]。

在处理第谷留下的关于火星的数据时,开普勒再次回到了自己的"天球物理学",略加修改。在修改后的模型中,行星的运行速度不再是匀速的,而是当行星离太阳近时,速度变快,同时受到太阳的控制力变强;而离太阳远时,速度变慢,受到太阳的控制力变弱。按照这样的模型,行星的轨道是一个卵型轨道。按那个时代的数学水平,可以对观察数据进行处理的卵型轨道,只能是椭圆轨道。所以开普勒以椭圆近似的方式,来分析行星运行[28]。

1609 年,开普勒出版了《新天文学》一书,给出了椭圆轨道的处理结果。这个结果,直接否定了地心说立足的重要技术基础。行星系统的处理,不再需要一大堆的均轮和本轮了[28]。

很可惜,当时人们并不接受开普勒的理论。

志同道合的伽利略,对此结果,选择了沉默[30]。伽利略的选择,并不令人感到意外。"天球物理学"的讲法,一提出来,开普勒就受到了自己的导师梅斯特林的反对,认为开普勒破坏了"纯粹的数学";第谷不无揶揄地给开普勒回信说:有先验概念不那么重要,关键是要先有数据,后有模型[30]。"天球物理学"提出的模型,在相当长的时间内,都是不为人接受的。只有到了牛顿的时代,随着微积分技术的建立,万有引力公式的确立,开普勒的定律才被完全接受。

▶ **审讯**

1613 年,伽利略的学生与别人就日心说产生争执。伽利略在争端中的信件被提交到了宗教裁判所。1616 年,宗教裁判所决定对伽利略进行训诫,禁止其宣传日心说。同时,哥白尼《运行》一书也被禁。

在接下来的 10 年里,伽利略再没有公开宣传日心说。

1623 年,伽利略的朋友和崇拜者,红衣主教马费奥·巴贝里尼(Maffeo Vincenzo Barberini, 1568—1644)当选为教宗乌尔班八世。巴贝里尼于 1616 年反对加之于伽利略的训诫。因此,伽利略作《关于两个主要世界体系的对话》一书,于 1632 年出版,得到了宗教裁判所和教宗的正式许可[31]。

在《对话》一书中,维护地心说的人物叫作 Simplicio,在意大利语中是"傻瓜"的意思。这个人物的很多问话很像教宗问过的问题,坊间认为,伽利略由此开罪教宗;加上当时三十年宗教战争正处于高峰期,新教徒联盟国家和天主教联盟国家正打得激烈,教宗就被政敌攻击,说是不能纵容伽利略,也使教宗决定让宗教裁判所审判伽利略。

1633 年,接近 70 岁的伽利略,再次受审。在这次审判中,伽利略在宗教裁判所派出的神父劝说下,表示悔改。因为如果不悔改,他将被视为异端,将会受到严酷的刑罚。

从整个过程来看,伽利略受审的原因,既有宗教的因素,也有政治的因素,还有科学理论争执的因素。并不能看作一个简单的科学与宗教的斗争。

我们从学术的角度细究一下。1615 年,教会派出主教和伽利略辩论,其引用的是第谷的理论。而在当时,第谷的理论跟天文数据符合得很好,而

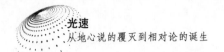
且也能解释金星的相位。

而在这场辩论中,一个关键的辩论点,就是恒星为什么没有视差?

伽利略当然可以用恒星太远来加以反对。但是,按照第谷的说法,根据他观察到的恒星的张角来计算,如果恒星足够远的话,那么这些恒星的大小将远远大于太阳。

第谷死于 1600 年,还没到有望远镜的时候,他目测的恒星的张角,也做不得准。而且,现在来看,就算是这些恒星远大于太阳,这也没什么特别。

但在当时,这个问题并没有解决,恒星视差的问题,就成了日心说崛起过程中剩下的主要责难。

参考文献

[1] Celestial sphere. https://en. wikipedia. org/wiki/Celestial_sphere.

[2] Apparent retrograde motion. https://en. wikipedia. org/wiki/Apparent_retrograde_motion.

[3] Ptolemy | Accomplishments, Biography, & Facts | Britannica. https://www. britannica. com/biography/Ptolemy.

[4] 本轮均轮系统. https://baike. baidu. com/item/本轮均轮系统/9707319.

[5] Jonathan Barnes. Complete Works (Aristotle). Princeton: Princeton University Press, 1991.

[6] 钱时惕. 科学从神学统治下走向独立. 发展的历史考察与哲学分析. 自然辩证法研究,1990,6(3).

[7] Hypatia. https://en. wikipedia. org/wiki/Hypatia.

[8] Library of Alexandria. https://en. wikipedia. org/wiki/Library_of_Alexandria.

[9] Andreas Paris. the Library of Alexandria. 2009 - 11 - 19. https://ezinearticles. com/?The-Library-of-Alexandria&id=3294996.

[10] Astronomy in the medieval Islamic world. https://en. wikipedia. org/wiki/Astronomy_in_the_medieval_Islamic_world.

[11] 迈克尔·艾伦·吉莱斯皮. 现代性的神学起源. 张卜天,译. 长沙:湖南科技出版社,2019.

[12] Cholas copernicus, on the revolutions. translation and commentary by Edward

Rosen. Baltimore and London：The Johns Hopkins University Press，1999.

［13］哥白尼. https：//baike. baidu. com/item/尼古拉·哥白尼? fromtitle＝哥白尼＆fromid＝262083.

［14］哥白尼. 天体运行论. 叶世辉，译. 北京：北京大学出版社,2006.

［15］［法］让·昊西. 逃亡与异端——布鲁诺传. 王伟，译. 北京：商务印书馆,2014：3.

［16］Yates. Giordano Bruno and the hermetic tradition：Routledge，an imprint of Taylor＆Francis Books Ltd. ,2001：35.

［17］北京市科学技术研究院. 云看展|仙后座. 2021－10－25. https：//baijiahao. baidu. com/s?id=1714583616125811923＆wfr＝spider＆for＝pc.

［18］Fauber L S. New stars in：Heaven on earth：How Copernicus, Brahe, Kepler, and Galileo discovered the modern world. Pegasus Books, New York London, 2019.

［19］Victor E Thoren. The lord of Uraniborg：A biography of Tycho Brahe. Cambridge University Press，1990：236－264.

［20］Vincenzo_Viviani. https：//en. wikipedia. org/wiki/Vincenzo_Viviani.

［21］José Manuel Montejo Bernardo. El experimento más famoso de Galileo probablemente nunca tuvo lugar. The Conversation. 2019－05－16. https：//theconversation. com/el-experimento-mas-famoso-de-galileo-probablemente-nunca-tuvo-lugar-111650.

［22］Galileo Galilei, Dialogues concerning two new sciences. Trans. by H. Crew＆A. d. Salvio. William Andrew Publishing, Norwich, New York, U. S. A.：177, 244－250.

［23］伽利略. 关于托勒密和哥白尼两大世界体系的对话. 上海自然科学哲学编译组，译. 上海：上海人民出版社,1974：183－200.

［24］Wilson Wall. A history of optical telescopes in astronomy. Springer Nature Switzerland AG，2018：28－29.

［25］Galileo Galilei. https：//mathshistory. st-andrews. ac. uk/Biographies/Galileo/.

［26］马里兰大学行星运动课件. https：//www. astro. umd. edu/～miller/ASTR100/class6. pdf.

［27］Thoren V E. (1989). Tycho Brahe. In Taton, R.；Wilson, C. (eds.). Planetary astronomy from the Renaissance to the rise of astrophysics Part A：Tycho Brahe to Newton. 3－21.

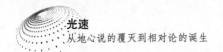
［28］James R Voelkel. Johannes Kepler and the new astronomy. Oxford New York：Oxford University Express，1999.

［29］［德］托马斯·德·帕多瓦. 宇宙的奥秘：开普勒、伽利略与度量天空. 盛世同，译. 北京：社会科学文献出版社，2020.

［30］Alexandre Koyré. The Astronomical Revolution Copernicus — Kepler — Borelli. Ithaca，New York：Cornell University Press，1973.

［31］Pope Urban Ⅷ Maffeo Barberini（1568－1644）. http：//galileo. rice. edu/gal/urban. html.

5 光行差

包含恒星的天球到底离我们有多远？可以观察到吗？

我们现在当然知道,离太阳系最近的恒星,是比邻星,有 4.22 光年,即 $4.22 \times 3 \times 10^{8} \times 365 \times 24 \times 3\,600 \approx 3.99 \times 10^{16}$ m $= 3.99 \times 10^{13}$ km,而地球轨道的半径约为 1.50×10^{8} km。所以在一年之内,在轨道直径上两个对立的观察位置,得到的视差角约为:$(2 \times 1.5 \times 10^{8})/(3.99 \times 10^{13}) \approx 7.5 \times 10^{-6}\,(\mathrm{rad}) \approx 1.6''$。达到这样的测量精度当然有难度。但是,日心说和地心说的长久争论,为观察恒星视差提供了强大驱动力。

观察恒星视差

中世纪的时候,阿拉伯科学家估算过,天球离地球有 19 000～140 000 个地球半径不等[1],就算这些估计不准,真实的情况要更远些,但是只要望远镜水平提高,观察到恒星视差不是不可能。那么这个结论将大大支持日心说。迪格斯(Thomas Digges,1546—1595)在 1573 年就提出了观察恒星视差的想法,因此不断有人报告说看到了。但是后来仔细检查,发现他们不是仪器出了毛病,就是主观感觉出了偏差。

1670 年代,由于望远镜技术的进步,观察水平大大提高。1680 年,皮卡德说,总结其 10 年观察,发现北极星每年有 $40''$ 的往复变化;弗拉姆斯提德(John Flamsteed,1646—1719)在 1689 年及以后观察到类似的结果;胡克

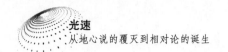
(Robert Hooke,1635—1703)在 1674 年发表了关于天棓四(γ Draconis)的观察文章,声称天棓四 10 月份比 7 月份要偏北 23″多一些[2]。

这些观察可靠吗?

▶ 望远镜的指标

要分析观察的可靠程度,我们得来看看当时主要的观察工具——望远镜的水平。

粗略理解,望远镜的性能跟放大倍数相关。

说说放大倍数的要求。人眼的分辨角是 1′,因此对于 1.6″而言,放大 60 倍肯定是足够的。放大倍数决定于物镜(对向星空的镜组)和目镜(让眼睛观察的镜组)的焦距之比。为了使眼睛舒适、成像清晰、制造成本合理,目镜的焦距选择范围是很小的,组合焦距最短一般也就到 1 mm 的水平,适中则一般在 10 mm 的量级。因此 60 倍望远镜就意味着镜筒长度 6 dm 而已。如果为了能够通过分划板清晰判断变化位置,让放大倍数达到 600 倍,也只需要 6 m 的镜筒。

但是,自 1609 年望远镜发明后,制镜的工匠很快就发现,单单提高放大倍数是不行的。还有两个重要因素起作用,一个是望远镜的口径,另一个是成像质量。

先说口径。

对远处的星星的最小分辨角 γ 为

$$\gamma = 1.22 \frac{\lambda}{D}$$

式中,λ 为光的波长,D 为望远镜的口径。虽然要到望远镜出现后很久,人们才知道光的衍射效应,并总结出以上公式,但是口径对分辨角的影响,通过经验也可以总结出来。我们用典型的绿光的波长 555 nm,容易算出,要达到分辨出比邻星的位置变化(即 1.6″),则需要约 9 cm 的镜片直径。这在 1670 年代,几乎接近当时的最高水平[3]。

再看成像质量。

所谓成像质量,分两类。一类叫像差,是说用望远镜看远处的一个点,要看成就是一个点,不能模糊,不能有彩色的边。如果达不到,就叫有像差。另一类是成像准确度,就是不能看起来有变形。如果有变形,就叫有畸变。

但是在 1670 年代,像质到底如何,望远镜的真实分辨水平如何,很难查到记载。不过,我们可以从一些典型的历史事件来推算。1675 年卡西尼观察到了木星环的两个亮环之间的暗缝,即卡西尼缝。有兴趣的读者,可以像我一样推算一下,如果刚刚观察到暗缝,卡西尼的望远镜分辨率在什么水平。按照我的计算,其分辨水平在 0.8″,是可以满足观察恒星视差的要求的:

$$[122\,170(土星\,A\,环内径,公里)-112\,580(B\,环外径)]\div$$

$$8(地球最近土星时,8\,个天文单位)\div(1.50\times10^{8})$$

$$(天文单位尺寸,公里)\div3.141\,6(\pi)\times180(180°)\times$$

$$3\,600(3\,600\,弧秒)\approx1.65″$$

如果缝均匀,因为圆周上计了两次缝宽,数据应除以 2,为 0.83″。

那么,那个时代天文望远镜水平提高的限制主要是什么呢? 回想一下我们前面讲过的卡西尼的 11 m 长的望远镜,就很容易想明白,这样庞大的系统,稳定性和移动便捷性则成了主要的问题。出于重量和强度的考虑,支撑架的制造材料主要是木头,镜筒的加工和热胀冷缩都不好控制,为了能够达到大口径长焦距,甚至出现了开腔的望远镜[3](见图 5 - 1)。所以,那个年代是缺乏足够的条件来制造稳定的镜筒和调节系统的。

因此,1670 年代观察的要求虽然不高,但是,这些系统的稳定性是存疑的,其结果当然也就值得怀疑。

到 1700 年,罗默发明了可调整的望远镜调节架,制造了子午望远镜,才为准确确定被观察的天体在天球上的坐标,准备了条件[3]。

▶ 莫利纽克斯的望远镜

莫利纽克斯(Samuel Molyneux,1689—1728)[5]是个业余望远镜爱好

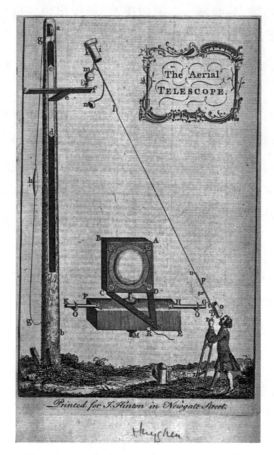

图 5 - 1　大型的开腔式折射望远镜(源自 https://wellcomecollection.
org/works/wnbztcrb,CC BY 4.0)[4]

者,他认为自己可以制造更好的望远镜,来重复胡克的结果。于是,在 1725
年,胡克观察天棓四 50 年以后,莫利纽克斯雇请布拉德利(James Bradley,
1693—1762)一起来设计,请当时伦敦城里最好的制造商,做了一台天文望
远镜,并一起来观察天棓四[6]。

　　这个望远镜叫天顶望远镜。在自然状态下,是垂直指向天顶的。垂直
的程度,由重锤来校正;水平的情况,用水银形成的平面来核准。整个系统
的调节使用带刻度的螺旋调整[7]。调整后,望远镜可以观察到天顶附近几
弧分的星星[8]。

望远镜的长度是 24 英尺,需要大楼来固定。幸好,莫利纽克斯娶了当时女王的一位宠臣的女儿。他的太太拥有邱园(现伦敦植物园所在地,见图 5-2)。最后望远镜就固定在邱园的大楼里,非常稳固。

图 5-2 1763 年的邱园

莫利纽克斯和布拉德利对天棓四进行了一年多的观察,得到的结果却非常奇怪。

怎么奇怪呢? 如图 5-3 所示,如果仅是恒星视差的话,那么在春秋两季看到的恒星位置在南北方向上没有差异;可是实际的情况却是在春季他们观察到的位置偏南,在秋季偏北。这肯定不是恒星视差!

莫利纽克斯只是业余的天文爱好者,他的主业是政治。

他要忙于自己的政治事业,就劝布拉德利(见图 5-4)自己去做一台新的望远镜,继续研究。

后来,英国出了件怪事,有个女人会生兔子。莫利纽克斯前去调查,在其助手的坚持下,相信了那个女人,并回来向威尔斯王子汇报。事实证明,这是一个骗局。莫利纽克斯成为笑柄。受此事连累,他在政治上垮台,并于

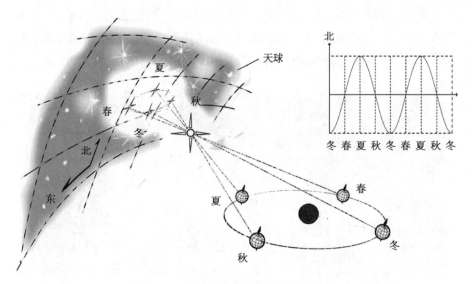

图 5-3　恒星视差对应的星体观察情况

图 5-4　詹姆斯·布拉德利

1728 年死于非命,时年 38 岁。他和布拉德利当时在邱园进行观察的大楼,随着邱园几经易手,在 1802 年被拆除;他们使用过的望远镜,则不知所踪[6]。

泰晤士河上的顿悟

布拉德利开始只是被雇请来参与这样一个项目而已,但是,随着问题的深入,布拉德利完全进入状态了,欲罢不能。

布拉德利尝试解释观察中出现的奇怪现象。

▶ 是地球进动吗

莫利纽克斯的望远镜的装配和较调是 1725 年 11 月底完成的。真正的观察是在 12 月的 3 号开始,又在 5 号、11 号和 12 号进行了类似的观察,天桴四的位置没有大的变动,说明系统的较调和稳定性都很好。到了 12 月 17 日,按照恒星视差形成的原理分析,布拉德利认为,天桴四出现的位置在南北向上根本不会有明显的变化。但是,布拉德利发现,天桴四朝南走了一点[9]!

由哈雷推荐而进入皇家科学院的布拉德利[10],是个杰出老练的天文学家,他想到的第一个问题,自然是仪器的误差。而制造这台望远镜的是乔治·格雷姆(George Graham),他是伦敦城里最杰出的钟表匠和望远镜制造人,仪器不太可能造得不好。系统的校调,也通过了对其他星星的观察来核验,说明校调准确,系统稳定可靠。那是不是 12 月 17 日的操作有什么问题呢?

12 月 20 日,布拉德利再次进行同样的观察,天桴四居然更向南偏了一些!

这个结果让布拉德利和莫利纽克斯都吃惊了。首先,可以肯定的是,绝不是仪器的问题。其次,可以想象出来的第一个可能性,是地球的进动[9]。

什么是地球的进动呢?就是地球的自转轴和地球轨道平面的夹角和方向都不是固定的,而是自转轴本身也在转动。如果你玩过陀螺,就可以观察到陀螺转速下降时,陀螺摇摇摆摆的样子。转动轴的摇摆,就是进动。如果

地球有进动,那么当然也可以解释为什么天棓四朝南走了。

是不是望远镜精度太高,测到地球的进动了呢?

该如何证明呢?想象一下,如果你喝醉了,看看四周,是不是四周都在晃?因此,很容易想到,只要再找别的星星看看不就可以观察出来了?

因此在后面的观察中,布拉德利找了另外一颗星星作为对照观察。这颗星星与天棓四相比,离天顶距离差不多,经度(赤经)大约差180°(赤纬和赤经是指将地球的经纬线从地心出发投影到天球上形成的角度坐标。赤经也可以用时间计),因此从观察的结果看,应该和天棓四有相同的偏移。

经过一年的观察,可以看到,这颗星星确实有天棓四的变动趋势,天棓四往南它往南,天棓四往北它往北。

但是,有点问题:这颗星星变动的距离只有天棓四的一半!你现在可以抬起头来看看远处的东西,同时晃动头部。只要东西够远,所有的东西晃动的幅度都一样,不可能有的幅度大,有的幅度小。因此,这个观察结果否定了开始的猜想[9]。

星星在天球上的这种运动,不是地球进动引起的。

▶ 布拉德利的坚持

到底是什么原因引起了星星的移动呢?普遍的规律是什么样子呢?

如果想调查更多的星星,使用莫利纽克斯的望远镜是不够的。因为当时系统设计是为天棓四而设,在南北方向上只有几弧分的调节范围,追踪不了几颗星。因此,布拉德利开始考虑自己建一个类似的望远镜来进行观察。

莫利纽克斯对布拉德利的意见极为赞同,但是,他还要忙自己的政治工作,便鼓励布拉德利到其他的地方再建系统,继续观察。

在强烈的好奇心驱使下,布拉德利利用他叔叔在万斯特德(Wansted)的房子建了一个小号的天顶望远镜,长度只有邱园的望远镜的一半。这个系统还是请格雷姆制造,工艺精良,而且观察角度提高到了几度,可以追踪200多颗星星。在望远镜大角度调整下,在夏至正午,望远镜也可以躲开太阳足够远,从而可以一年四季,不分白天黑夜,去观察某些通过天顶附近的星星。这台望远镜从 1727 年的 8 月开始工作,成为布拉德利的科研利器。后来,它成为伦敦天文台的一部分,经过改良,使用了 100 多年。它幸运地留到了现在,成为伦敦国家海事博物馆的珍贵展品[8,9]。

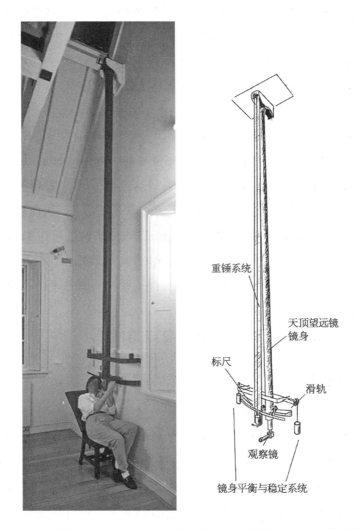

图 5-5　现存于伦敦海事博物馆的布拉德利的天顶望远镜(左图是博物馆中的望远镜展示情况。博物馆的望远镜是无法工作的,如右图,系统缺乏标尺和平衡与稳定系统)

　　布拉德利总结了观察这些星星得到的运动规律,发现这些星星都绕着地球旋转轨道转圈圈,绕向都一样。只是,转的圈圈的大小不同,而大小跟

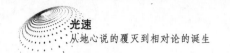
星星与地球轨道旋转轴的夹角有关[9]。

据说,布拉德利对这个规律的成因百思不得其解。有一天,他在泰晤士河上泛舟,由于船向前走,看见船上小旗随风而向后飘扬,顿时开悟:地球如船,光如风。对远处星星的观察,要受地球相对于远处星星的运动的影响。所以,星光的光速,还要叠加上地球运动速度(并且是矢量叠加)才能得到我们观察到的星光来的方向[10,11]。

这个由于光线传播而造成星星在天球上运动的现象,被布拉德利称为光行差。

这个泰晤士河上的故事,很多人都认为,十有八九是编造的[13]。我也有同感。因为,第一,地球进动可以造成星星的相同运动趋势,是天文学家最容易想到的解释,所以布拉德利一定从进动查起。第二,罗默测光速的故事,当时所有的天文学家都耳熟能详,不可能想不到光速。当进动解释不通的时候,布拉德利自然会往光速上想。第三,布拉德利最后在 1747 年也完成了对地球进动的测定[12],那些数据表明,进动的数据只比光行差的数据小不到一个量级,如果不对两种运动的数据关系有明确的理解,是没有办法总结出光行差的。

但是,我依然爱这个故事,生动、形象,充满诗意。

▶ 光行差图解

具体来看看什么是光行差。

如图 5-6 所示,如果头顶上的星星的星光垂直照射下来,那么按理而言,光到达地球,就应该是垂直向下正好打在头顶上。但是,地球以速度 $-v$ 在动,所以远处的星星相对地球就做反向的运动;而如果我们把光想象成微小的小球,这些微小的小球就相对于地球有了一个相对运动 v,光本身的运动速度是 c,由于速度做矢量合成,最后到达地球的光的速度是 $c_N = c + v$,方向发生了改变。我们是从光线的来向感知星星在天球上的位置的,这个被感知的位置,就和星星的真实位置发生了偏差。这个偏差,就是光行差。

参照图 5-7,星星不一定正好在头顶,而是跟地面成一定夹角 θ;所以

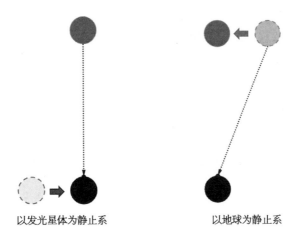

以发光星体为静止系　　　　以地球为静止系

图 5-6　光行差示意

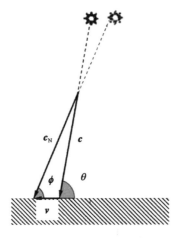

图 5-7　光速与光行差的关系

从地面最后看到的星星的方向是 ϕ，因此可以得到如下计算公式（公式中的矢量不用黑体后，则表示矢量的绝对值的大小）：

$$c \sin \theta = c_N \sin \phi$$

$$v = c_N \cos \phi - c \cos \theta$$

在布拉德利的年代，已经可以估算不同季节地球的位置和速度了，所以这些方程组中的 v 和 ϕ 可以作为每次观察的已知量。多次观察，就可以求出其余的未知量。

图 5 - 8 是布拉德利的观察值,地球绕太阳运行的运行速度取 29.8 km/s,地球自转的速度相比于绕太阳运行的速度,非常小,所以忽略不计。有兴趣的读者可以自己估算一下光速。另外,我们也可以直观地解释布拉德利的观察了。如图 5 - 9 所示,和恒星视差的图对比,我们可以发现,天球上恒星的位置在南北向出现最大位置变化,应是在春秋两季,春季地球

1727.	D. "	The Difference of Declination by Obfervation. "	The Difference of Declination by the Hypothefis. "	1728.	D. "	The Difference of Declination by Obfervation. "	The Difference of Declination by the Hypothefis. "
October 20th --		4½	4½	March •	24	37	38
November -	17	11½	12	April - -	6	36	36½
December -	6	17½	18½	May - -	6	28½	29½
- - -	28	25	26	June - -	5	18½	20
1728				- - -	15	17½	17
January -	24	34	34	July -	3	11½	11½
February -	10	38	37	August -	2	4	4
March -	7	39	39	September -	6	0	0

图 5 - 8　布拉德利的观察实验数据[9]

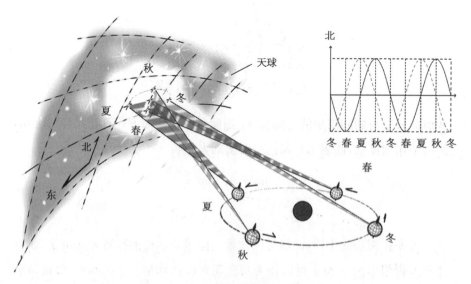

图 5 - 9　光行差引起的星体观察情况

运行向着天棓四来的方向,故导致观察结果偏南;而秋季地球背天棓四而行,故偏北。

莫利纽克斯是 1728 年 4 月死的。1728 年最后一个季度,布拉德利通过给哈雷写信的形式,向皇家科学院报告了他和莫利纽克斯的这一伟大发现[9]。

信中,没有直接给出光速是多少,而是给出光速是地球绕太阳转的平均速度的 10 210 倍,并由此推断,光从太阳传到地球的时间是 8 分 12 秒。按照我们现在知道的日地距离和地球绕太阳转的速度的数据来估算,光速在每秒 30.4～30.5 万 km。

这是人类历史上第一次精确测定光速。

直接测定光速的实验

敏锐的读者一定会发现,在布拉德利的分析中,对于光的速度的分析和相对运动的分析,完全是一个伽利略变换,光的速度大小并不恒定,分别是 c,c_N。 我在科学网上讲述这个故事的时候,就有支持相对论和反对相对论的网友分别留言,说是相当困惑。所以,这里,我跳开讲述历史的一般方式,来解答一下关于光速的常见错误认知,同时也插叙一段直接测光速的有关实验。

首先要明白的第一个概念,我们讲的光速不变,是指光在真空中传播的速度的数值不变,而不是方向不变。如果方向也不允许变的话,我们马上要介绍的实验全都做不成了。

第二个概念,是量级的概念。也许本书的读者有正在读高中的,还很难理解"极限"、"小量"这样的概念。这个时候,你就最好死记硬背,先承认我讲得对,而不要钻这里"小量到底是什么意思"的牛角尖。相对论里用到的变换因子是 $\sqrt{1-\dfrac{v^2}{c^2}}$,这里 c 是真空中的光速值,v 是地球绕太阳转动的线速度值。$\dfrac{v^2}{c^2}$ 的大小约是亿分之一,是个小量,利用微积分公式,容易估计,伽利略变换和相对论变换的结果,也只有亿分之一的偏差。

而这里光行差估算光速的精度,只有 5% 左右,所以远远谈不上考虑验证 c 和 c_N 的细微差异,依靠牛顿的经典力学,采用伽利略变换得到的计算结果,和依靠爱因斯坦的相对论得到的计算结果的偏差,在这一类实验中,根本体现不出来。

这也是非常多的关于相对论理论辩论中最常见的问题,就是很多朋友没有量级的概念,或者忽略了量级的概念。

如果上面这段话,对于高中生理解起来有困难,这是再正常不过的。可以跳过这段话,接着看我下面的实验介绍。等到有一天,回过头来看,就慢慢理解了。

1849 年和 1850 年,在阿拉果的建议下,菲索和傅科分别设计直接测定光速的实验。为了进一步理解进行高精度的绝对速度测量的困难,我们看一看他们的实验[13]。

一般人认为,这两个直接测定光速的实验的思想最初来自伽利略。伽利略曾经宣称把一个灯笼放得远远的,定时突然揭开灯笼罩子,观察是不是能看到光的延迟。实验结果不太好,所以他只能宣布光即使不是无限快,那也是相当快[14]。

伽利略的失败实验,预示着后来者们不得不使用更为精细和繁复的手段,才有可能解决问题。

▶ 菲索的实验

先看看菲索(见图 5 - 10)的实验。如图 5 - 11 所示,聚光灯通过旋转的齿轮,将光打在了远处的镜子上,然后反射回来,通过调节齿轮转速,使光正好穿过下一个齿,然后再经过反射镜,进入一个接收望远镜。通过转速和齿间距可以计算出光穿越两个齿轮位的时间,再根据齿轮到远处反射镜的距离,可以计算出光速。

菲索采用的齿轮有 720 个齿,转速最高可达每秒 40.8 转,远处反射镜

图 5-10 菲索

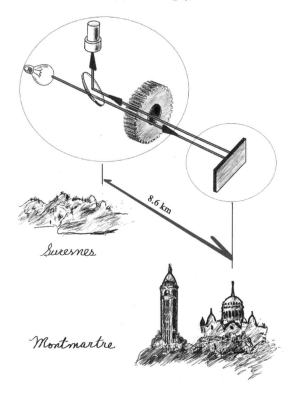

图 5-11 菲索的光速测定实验

离发射地有 8.633 km 的距离。很容易计算,光往返走的距离约为 17 km,大约花了 0.05 ms,如果齿轮的转速为 50 转/s,则最后可以算出齿轮转了 0.002 5 转,齿轮转了大约 1°,即 2 个齿。因此,菲索可以调节转速,使光通过相邻 1 个齿或者多个齿返回,最后通过观察光点消失和出现的转速来导出光速的测量结果[15]。

如果能够提高齿轮转速,就可以提高测量精度。因为推动齿轮旋转的动力来自重锤缓慢下降的重力释放,并通过传动比 500∶1 的齿轮传动装置来推动齿轮。所以下降过快,动力释放不够稳定,转速也不稳定了。如果用减小齿轮半径,提高传动的速度比,齿轮加工变得又困难起来,齿数减少,同样会降低测量精度[16]。

这个实验是不够精确的,除了场地和转速精度的影响,光正好穿越齿轮的时间也不好精确估计。实际上,最后菲索测出的光速比真实值高了 5%,水平和光行差在一个量级[16]。

菲索是在 1849 年做的实验,20 年后,也有模仿菲索实验的,精度提高也就一个量级[16]。

▶ 傅科的实验

再看看傅科(见图 5-12)的实验。这个实验是在菲索的实验上改进的。如图 5-13 所示,在左图中,光源发出的光经过狭缝,先通过一个半反半透镜,打在转镜上;然后被转镜反射,打在一个远处的凹面反射镜上。光从凹面反射回来再碰上转镜时,由于转镜的转动,光并不是原路返回,而是转动了一个角度。我们假设这个转动的角度为 θ,那么光经过半反半透镜的反射,最后打在观察屏上的位置,跟转镜静止时相比,就会差 2θ 角。如果转镜的速度和转镜到凹面反射镜的距离已被测定,那根据从观察屏上读出的 2θ 角,就可以计算出光速了[16]。

这个办法,跟菲索的办法相比,有个非常有利的地方,就是从转镜到观察屏的路程可以拉得很开,这样就可以非常精细地察觉转镜的角度变化。而菲索只能靠齿轮的齿间距和齿轮半径来控制测量角度的精度,就大大限制了系统的设计。所以,傅科在 1850 年的设计,反射镜到转镜的距离只有

图 5 - 12　傅科

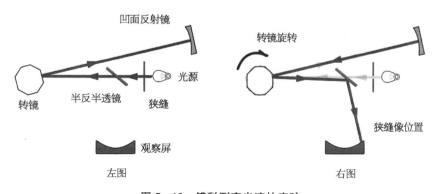

图 5 - 13　傅科测定光速的实验

4 m；到了 1862 年，傅科在法国巴黎天文台的子午线区域进行了改进的实验，加入更多的反射镜，但是系统摆开，部件之间最远也只有 20 m。而菲索的实验距离却需要 8 km 多，需要从叙雷讷(Suresnes)他父母家中远观蒙马特(Montmatre)，实验距离的测定、系统较调、反射镜与系统的对准、天气和时间的选择，都非常困难[16]。

　　但是，傅科的实验也有不利的地方。即使对光的行走区域范围进行限制,当转镜太慢时,在观察屏上获得的是连续的一组像。因此,为了提高图像质量,傅科在光源前加了狭缝,最后在观察屏上,通过看狭缝像的清晰程度,来判断转速是否够高。而傅科避不开的问题,是必须提高转镜转速。所幸的是,他的合作者为他设计了一个蒸汽机推动的马达,使得转镜转速达到了每秒 400 转,到 1862 年,更是有高水平的合作者加入,使用压缩空气,使得镜子的转动平稳程度达到了万分之一[17]。

即使如此,傅科最后测出的光速是 298 000±500 km/s,精度在 6‰。

请注意,菲索和傅科的实验,已经是光行差实验 120 年以后了,其精度水平,仍不足以支撑真空中光速是否恒定的讨论。

真正要讨论这样光速是否变化,在相当长的时期,都必须依靠光的相干条纹,对光速做相对的测量。

所以,从下章开始,我们来看看波动光学的历史,再来琢磨一下相应的实验。

参考文献

[1] Celestial spheres. http://en. wikipedia. org/wiki/Celestial_spheres.

[2] Aberration. https://en. wikisource. org/wiki/1911_Encyclopædia_Britannica/Aberration.

[3] Wilson Wall. A history of optical telescopes in astronomy. Springer Nature Switzerland AG, 2018: 46, 69, 136.

[4] Gabriella Bernardi. Giovanni Domenico Cassini: A modern astronomer in the 17th century. Springer International Publishing AG, 2017: 90.

[5] Samuel Molyneux. https://www. britannica. com/biography/Samuel-Molyneux.

[6] Samuel Moluneux. https://www. lindahall. org/samuel-molyneux.

[7] Francis Baily. Royal astronomical Society, V5, N6, 1840.

[8] Graham Dolan. Early history of the Zenith Sector. http://www. royalobservatory-greenwich. org/articles. php?article=1065.

[9] James Bradley. A letter from the reverend Mr. James Bradley savilian professor of Astronomy at Oxford, and F. R. S. to Dr. Edmond Halley Astronom. Reg. & c. Giving an Account of a New Discovered Motion of the Fix'd Stars, Philosophical Transactions (1683 - 1775), Vol. 35 (1727 - 1728): 637 - 661.

[10] James Bradley. English astronomer, Britannica. https://www. britannica. com/
biography/James-Bradley.

[11] James Bradley. https://en. wikipedia. org/wiki/James_Bradley.

[12] James Bradley. A Letter to the right honourable george earl of Macclesfield
concerning an apparent motion observed in some of the fixed stars. Philosophical
Transactions (1683 – 1775), Vol. 45 (1748): 1 – 43.

[13] Fizeau-Foucault_apparatus. http://en. wikipedia. org/wiki/Fizeau％E2％80％93
Foucault_apparatus, http://en. wikipedia. org/wiki/Fizeau-Foucault_apparatus.

[14] Galileo Galilei. http://en. wikipedia. org/wiki/Galileo_Galilei.

[15] Jan Frercks. Creativity and technology in experimentation: Fizeau's terrestrial
determination of the speed of light. Centaurus,v42,2000, 42: 249 – 287.

[16] Léon Foucault. Experimental determination of the velocity of light: Description of
the apparatus. philosophical magazine, Series 4 （1851—1875）, London:
Tyler&Francis, 2009: 76 – 79.

[17] Lauginie P. Measuring speed of light: Why? Speed of what? Fifth International
Conference for History of Science in Science Education, Keszthely, Hungary,
2004: 75 – 84.

第 6、7 章导读

这两章为菲涅耳的以太部分拖拽理论而写。

第 6 章,介绍了波动光学与粒子说竞争的历史。在很长时间之内,由牛顿提倡的粒子说都占上风。这固然有牛顿巨大名气的原因,也有初始的波动学说对物理现象解释的困难。随着托马斯·杨和菲涅耳的理论的推广,一系列现象都得到解释,而阿拉果斑的实验证实,使得波动光学占了上风;傅科对水中光速的测定,使得波动光速完胜粒子说。

第 7 章,为了解释在波动学说下有关的光行差实验的结果,菲涅耳提出了以太部分拖拽理论,这个理论通过菲索的流水中的光速相对变化的实验,而获得证实。菲索的实验,也是利用光的干涉精密测量相对光速,比较光速的微小变化的范例性试验。

6 波动光学的胜利

干涉条纹,可以非常精细地衡量光的速度在不同方向或者不同介质中的相对变化。普通的干涉仪,在经验丰富的操作者手里,可以测量到 1/100 光波长的长度变化。也就是说,可以达到 $5\sim6$ nm(1 nm $=10^{-9}$ m)的测量水平。

正是波动光学的建立,才使得我们有一整套的理论,来理解光的干涉条纹,并计算和评估相应的测量结果。也只有去了解波动光学的建立过程,才能理解"以太"这个历史概念在相对论创立过程中的重要性。

所以,我们要来讲讲波动光学的历史。

光的粒子说与波动说

众所周知,牛顿提出光的粒子说,惠更斯提出光的波动说。在这两种学说的竞争中,开始是牛顿的粒子说胜出。一般的科技史都把这件事解释为是由于牛顿的巨大名声引起的结果[1]。

真的靠名声就可以赢下竞争吗?没有别的原因吗?要理解这场竞争,我们得仔仔细细谈谈以太,并看看当时碰到的问题,才能理清原委。

▶ 以太

"以太"的概念,相当古老。在希腊神话中,原始神卡厄斯(Chaos)的女儿,黑夜女神尼克斯(Nyx)带来的在黑暗之上的明亮空气,就是以太。以太就代表了光明和生生不息[2]。

亚里士多德认为,"以太",是从"土气水火"四大元素中的"火"脱胎而来,代表了构成世界的最外层的元素[3]。托勒密认为,完满的天体,呈球形。天球,也是球形;其主要的构成物,是以太。这个时候,以太被"固体"化了,除了有完满的含义,还有永远不朽、不会变动的意思[4]。

由于1572年第谷超新星的出现,1577年第谷对彗星轨道的观察和解释,都使得天球出现了变化,以以太为基础的完美的天球概念破灭了。由此,开普勒改进了以太的概念。以太被当作一种气体,广泛分布于宇宙之间,是一种带来灵性的、起控制作用的物质[5]。

这样讲,大家未免觉得抽象。其实,在我们的文化里,也有类似的东西,那就是"气"。

1282年,文天祥(1236—1283)决然赴死,就写下《正气歌》,其开篇就讲:

"天地有正气,杂然赋流形。下则为河岳,上则为日星。于人曰浩然,沛乎塞苍冥。"

从诗里可以看出,"气"是无所不在的,虽然变化成各种形象,但是是"夹杂"在各种具体事物和人物中的,而且,塞满了"苍冥",还有一种控制作用。所谓"以太",非常类似中国的"气",塞满了所有的空间,但是具体的物体又可以穿行其间,而且说不定,构成这些我们可以接触的实际物体就有一部分含有"以太"。

然而,至少在惠更斯和牛顿生活的年代,"以太"已经不再像"气"那样,是一个不严格的玄妙概念,而是一个可以实证的物理实在。

1648年,帕斯卡(Blaise Pascal,1623—1662)让他的妹夫带着用水银柱制作的气压计登山,证明了随着海拔的升高,空气会越来越稀薄,气压计显示的气压会越来越低。可以推想,当我们处于特别高的地方,进入离开地球的空间,很有可能处于没有气体的"真空"状态。这个实验,打破了"自然厌恶真空"[6]的古老观念[7]。当时的观念中,大家依然认为,真空中也应该充满以太;其缘由,是认为组成以太的粒子特别细小,并且可以浸润进像水银这样的物质,再进入我们本来应该封闭为真空或者低压的区域,所以水银柱气压计没有办法测到以太的存在。

不管这种看法多么含糊,我们依然可以看出,那时的人们,已经把以太和普通空气作对比,作为一个物理对象来看待了。

只有理解了这层关系,我们才能够明白为什么牛顿会反对惠更斯的学说;并且,我们才能够理解,在相当长的时间内,牛顿的理论会受到主流学者的支持。

▶ **波动学说**

波动学说是由惠更斯(见图 6-1)提出的。

图 6-1 克里斯蒂安·惠更斯

在这本书里,我们已经跟惠更斯见过好几面了,现在,我们正式介绍一下他。

他真正发明和制作了摆钟,发明了钟表用的游丝,对机械和力学有重要贡献；在数学上，他给微积分的创立者之一——莱布尼茨（Gottfried Wilhelm Leibniz, 1646—1716）讲授过解析几何；他利用几何原理处理面积的计算，在当时，可以精妙处理微积分才能处理的问题。惠更斯是在伽利略之后、比牛顿略早这段时间最杰出的科学家。

惠更斯的祖父，和惠更斯同名，也叫克里斯蒂安·惠更斯，是荷兰王国的统一者、奥兰治家族的"沉默者威廉"的秘书，长袖善舞，负责"沉默者威廉"的外交事务。到了惠更斯的父亲一辈，依然负责荷兰王国的外事。但是，到了惠更斯这一辈，随着"沉默者威廉"的去世，惠更斯不再可能子承父业了；加之他更是醉心科学，家庭又甚是富贵，所以只是在家中自由探索科学。除了短暂地去法国参与法国科学院的创立、去英国参与英国王家科学院的建立，他一生都生活在海牙。他生在那里，死在那里，葬在那里（见图 6 - 2）。

图 6 - 2 荷兰海牙惠更斯墓［海牙圣雅各堂（Grote of Sint-Jacobskerk, The Hague），惠更斯葬于此］

惠更斯在 1678 年前后,以波动的方式,解释了光的折射和衍射现象。其使用的方式,称为"波前理论"[8]。

如图 6 - 3[9] 所示,光之所以会发生折射现象,是因为行进中的光波碰到新的媒质的界面时(比如从空气进入水时),波的传播速度发生了变化。分析这种变化的方法,是将同时传递的波看作是波面,图上实线的一系列平行线,就是不同时刻传出的波;当传过来的波碰到界面时,我们将波碰到的界面的每一点看作一个新的波源,称为子波源(图中界面上的圆点示意了一些子波源);依照同一波面到达界面的时间和波在新媒质中的传播速度,在新媒质中画出球面(图是二维的,所以我们变成了画圆),如灰色线所示;先到达界面的子波源在新介质中走得远些,所以画得大些,反之则画得小些;最后,我们再作这些球的公切面或者圆的公切线,就得到了虚线面所示的新的波前。这一系列平行的虚线表示的波前前进的方向,就是波进入介质的前进方向。显然,波速不同,就算是一系列平行实线进入介质的方向相同,其在新介质中的前进方向也不同。而且,很容易看出,在新介质中,这个波速越慢,波偏折得越厉害。我们现在知道,波速越慢,说明介质的折射率越大。

惠更斯既然把光当作一种波,按照当时的理解,波是需要介质的。这个

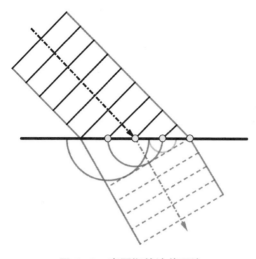

图 6 - 3 惠更斯的波前理论

介质,就是"以太"。惠更斯在他的书中,专门就这个以太如何工作的机制作了解释。书中,以太是一些特别细小的看不见的弹性小球;正是这些弹性小球彼此碰撞,来传递波动。

我们来看看惠更斯书中的图[8]:图6-4中,B球撞击A球,A球碰撞各个C球,波动就传播开来。撞击完成后,B球可以留在原地不动;其余的球周围如果还有别的球的话,也可留在原地不动。如果你打过台球,就很容易理解惠更斯的这个模型。这个模型只是一个粗略的解释,书中没有进一步的详细讨论。

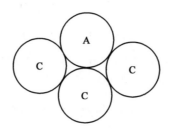

图6-4 以太的波动示意

值得一提的是,《物理小识》的作者方以智(1611—1671)也留意到光的衍射情况,提出了"光肥影瘦"的概念。如果不是南明风雨飘摇,方以智身陷政治漩涡,中国人先提出光的波动说,亦未可知。想当年,清将马蛟麟(1596—1642),左手带清朝官服,右手带剑,放在方以智面前,让方以智在做官和杀头中任选一样。方以智二话不说,直扑长剑,大叫"你杀了我!"最后,马蛟麟只好放了方以智[10]。节烈如此,当为子孙传扬。没有提出波动光学,也不是什么大事。

▶ 粒子说

所谓微粒说,是认为光是一些微小的粒子[11],在真空、空气或者其他的透明的介质中来回运动。

　　按理而言,牛顿应该是惠更斯的支持者。因为最早对光的干涉现象进行系统分析的,正是牛顿。在 1717 年,他分析了牛顿环[12](见图 6-5)。牛顿环的现象早在 1664 年胡克的书中就已经记载了,牛顿给这个现象的解释,还是用的波动模型。牛顿的解释比较复杂,他认为是光的微粒对普通物质进行撞击,引起了这些物质(当然也包括以太)的波动,这个波动和光的微粒共同运动,形成了牛顿环[13]。

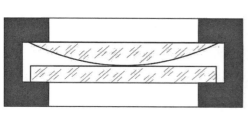

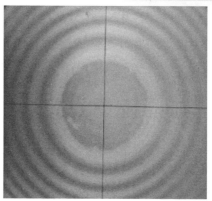

图 6-5　牛顿环[上图左是形成牛顿环的器件剖面图,上图右是形成牛顿环的器件,常用于透镜的球面精确性的检查。下图是在白光入射下看见的牛顿环(图由华南理工大学物理实验中心提供)]

　　为什么牛顿要采用这么复杂的模型,而不直接采用惠更斯的模型呢?有 3 个理由[13]。

　　第一个理由,是光线走直线而不走曲线,基本观察不到光波有像声波和

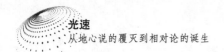

水波那样的行为。

第二个理由,光辐射能够加热物体,比如太阳光就可以点火。而一个像弹球那样传递振动的模型,是没有办法刺激物质而生出足够的热的。

第三个理由,是要传递光这样快速运动的振动,以太应该非常致密。但是这样致密的气态物质,居然可以遍布宇宙,让行星穿行其间,还不会由于摩擦而慢慢停下来,这是不可想象的。

牛顿 1689 年在伦敦和惠更斯相见,由冰洲石的双折射问题开始,讨论了惠更斯的波动理论[14]。牛顿提出了相关疑问,惠更斯坦陈,他也没有仔细考虑过。

牛顿在其《光学》一书中写道,当时利用以太振动解释光传播的,仅有惠更斯一人[13](胡克也是把光看作一种振动的,但是,由于牛顿与他有矛盾,所以他被直接忽略了)。

所以,在后来的 100 年里,微粒说占主导地位,是自然而然的事。

当然,牛顿的学说有一个难办的地方,是如何解释光的折射。牛顿认为,光的微粒,和其他别的东西一样,也会受到类似万有引力的吸引力,并且在引力的作用下,沿弯曲道路前行。我们之所以感觉不到光走了弯曲的路径,那是因为光太快了。按照这个想法,所谓光的折射,是吸引力之间的平衡引起的。当光从以太中穿出进入空气,那实际是以太和空气之间的引力平衡,因此进入那一刻,由于引力的巨大作用,光垂直于界面的速度分量突然就加大,光的运行路径突然拐弯,就折射了;同样的道理,当光从空气进入水中,光也会出现类似的偏折。反过来,如果光从密度比较大的物质进入密度比较小的物质的话,光就会在分界面垂直的方向上减速,发生与前一类折射完全不同的折射,光的折射角比光的入射角要大[13]。

杨氏双缝干涉实验

▶ 托马斯·杨

牛顿死于儒略历 1726 年,公历 1727 年。他死后 50 年,托马斯·杨(见

图 6 - 6)降生。

图 6 - 6 托马斯·杨

托马斯·杨本是一名医生,并且从舅爷那里,继承了价值不菲的遗产,完全可以凭借财富和自己的医术,过得富足。但是,作为一名虔诚的贵格派教徒,他认为,上帝给他的才华,是用来在人世间洞察真理的;所以其涉猎之广泛,在当时就令人赞叹。其贡献,遍及光学、视觉、固体力学、能量、生理学、声学和埃及学诸领域,被称为"在人世间几乎每样学问都声名卓著"的人。他谦逊而勤勉,死前都在为科学而工作[15]。

他的工作中,最著名的,就是波动光学。

1802 年,托马斯·杨热情洋溢地开始四处宣传光的波动学说。为了使波动光学容易理解,他专门用一个水箱到处演示[18]。

▶ **对粒子说的回应**

针对牛顿的 3 个问题,他都针对性地给予回应。

第一个关于光的直进现象,可以通过光的波长,和光偏离直进路线的强度有一定衰减,给予回应。声音有明显的绕射或者衍射现象,那是由于声波的波长非常长,光波非常短,只有约 1/‰毫米,所以只有用非常小的孔,才能看到绕射现象。由于偏离直进方向而出现一定衰减,在波动传播过程中也是一种常见现象。绕射与波长的光系,和衰减情况的存在,通过水箱的演示,都是可以直观看见的。图6-7就是水波的直进和衰减的模拟情况,光波的性能也是如此[16]。

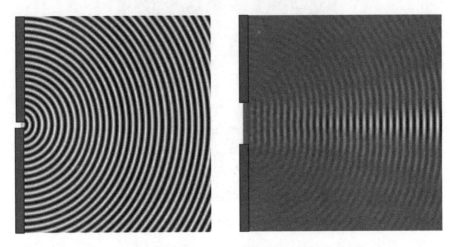

图6-7 波的衍射(右图是孔径相对波长比较大,波接近直进的情况;
左图是孔径比较小,波散开传播的情况[17])

第二个问题,是热的生成与传播的问题。这个问题在当时是比较难辩论的。热的理论当时刚刚才完成从燃素说向热质说的转变。但是,托马斯·杨利用"冷的白磷也会在暗处发光,其光也不能加热东西"这样的实验现象直接否证了牛顿的理论[16]。

第三个问题,以太的弹性问题,更是不容易。而且,这个问题,在光的理论的发展过程中,还会再次出现,成为一个重要的争论点。托马斯·杨只是说稀薄的物质,也可以有足够的弹性[16]。

托马斯·杨对微粒说的最直接的否证,是一个光压实验。这个实验让光直接打到一个铜盘上,测由此引起的微小的弹性形变。按照牛顿的光的动量模型,光会产生明显的光压,而当时的实验测不出来[16]。

▶ **双缝干涉实验**

最能体现光的波动性能的,是杨氏双缝干涉实验。这个实验完全可以通过水箱的水波体现出来,如图 6-8 所示。

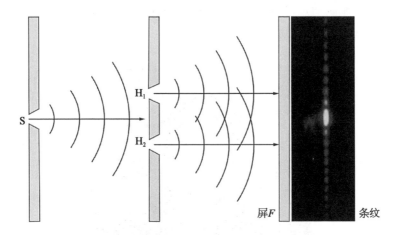

图 6-8 **杨氏双缝干涉实验**[光从 S 发出,经过 H₁,H₂ 两个小孔,出现两列波。两列波相互干涉,在 F 处的屏上形成条纹(条纹图由华南理工大学物理实验中心提供)]

如果用光来做干涉实验,托马斯·杨用了个简单的办法[18]:

在窗帘上开个孔,然后再用带针孔的小纸片蒙住孔,这样阳光仅仅从针孔穿过,就可以由于衍射情况而以锥形的方式散开。现在用一个有 1/30 英寸宽(不到 1 mm)的小纸片放到光路中间,最后在墙上看到的不是小纸片形成的阴影,而是从小纸片两个边沿来的光由于相互干涉而形成的干涉条纹。这个简单的实验办法,就演变成了我们后来所谓的杨氏双缝干涉实验。

这个实验,按记载,发源于 1630—1640 年间格里马尔迪(Grimaldi,1618—1663)的观察[19],胡克和牛顿都曾经研究过,经过托马斯·杨的解释和演示,终于变形成为了杨氏双缝干涉实验[18]。

阿拉果亮斑

当法国军队通过村子的时候,阿拉果(见图6-9)兴奋极了,他时时刻刻都要混进队伍里,要去战斗。

图6-9　阿拉果

最后,终于给他逮到了一个巨大的机会——有5个西班牙骑兵在撤退的时候,落了单。阿拉果赶快捡起地上的长矛,向一个当官的脸部刺过去。对方没有留意,被划伤了,赶快拿出刀准备教训一下这个小屁孩。结果,乡亲们闻声赶来,将几个西班牙兵抓了俘虏,当然,7岁的阿拉果也声名鹊起[20]。

阿拉果的一生,充满战斗和传奇。而在光学上,他因为参与了关于波动理论建立的最重要战斗而被铭记。

▶ 测量光行差

1810年,阿拉果决定测量光行差,以便检验牛顿的微粒假说。

按照微粒说,光从光疏媒质进入光密媒质,光的速度将加大;而折射现象,实际上是个粒子速度改变的现象。

所以,阿拉果推论,如果远处的星星在动,而且星星的巨大质量对光有吸引力的话,那么不同的星星的光到达地球的速度应该不一样。这个不一样的速度虽然比较难观察,但是如果让光一半还走旧的光路,一半通过一个棱镜,我们自然就会将这个速度不一样的效应放大,最后就可以观察到光行差对不同星星应该结果迥异[而至于阿拉果为什么会相信远处的星星在动,那是他相信了米歇尔(Michell)和布莱尔(Blair)的理论和工作[21]]。

为什么是棱镜? 既然牛顿用棱镜可以折射出七彩阳光,那么棱镜也可以用来放大牛顿所谓的"速度加大"的效应。因此,阿拉果将棱镜放在望远物镜上面,挡住物镜的一半。这样,一颗星星来的光,分两条光路成像,形成两个像。将两个像进行比较,看两次像的角度差。根据计算,光速不同,这个角度差就不同[22]。

结果,很不理想。阿拉果比较了不同星星相应的角度差,发现这些角度差的差异只有18″,远小于仪器的测量误差。看来光的速度没什么变化[23]。

至少,牛顿的假说非常值得怀疑。

阿拉果百思不得其解,最后找了个相对地球有高速运动的星体应该发不可见光的勉强解释。那时红外线和紫外线发现不久,对于光的颜色和波长的关系更没有明确认识,所以阿拉果认为光有不同颜色或者干脆不可见的原因,是因为光的微粒的速度不同引起的。运动得太快或者太慢的光微粒,变成不可见光,阿拉果的肉眼当然观察不到了[24]。

▶ 手稿

1800 年代的法国,光学理论蓬勃发展,有一个重要起因——18 世纪末,英国化学家沃拉斯顿(William Hedy Wollaston,1766—1828)已经通过对矿石的研究,肯定了惠更斯对冰洲石结构的解释,即认为冰洲石的"分子"是椭圆形的,所以光有双折射的现象(见图 6-10)。惠更斯的理论又被从故纸堆里找出来,拉普拉斯(Pierre-Simon Laplace,1749—1827)还把它翻译成了法文[25,26]。

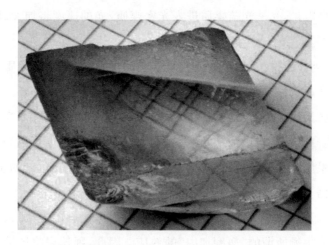

图 6 - 10　晶体的双折射现象（冰洲石的双折射现象不明显，这里用的是方解石。图片源自 https://en. wikipedia. org/wiki/Birefringence # /media/File：Crystal_on_graph_paper. jpg，CC BY-SA 3. 0）

而研究双折射的重要科学家，是马吕斯（Étienne-Louis Malus，1775—1812）[26]，正是他创造了"偏振"的说法。他认为光束由一根根的"光线"构成，而这些"光线"，每一根都有个偏振方向。所谓双折射，就是某些物质让某些偏振方向的光线过得快些，另一些过得慢些而已。马吕斯观察和解释了一系列的偏振现象，并且都可以定量计算。因此，在当时的光学世界里，享有盛誉。

25 岁的阿拉果利用马吕斯的理论解释了牛顿环的颜色情况，并且解释了颜色偏振现象，很是得意。不想突然冒出了个老同事比奥（Jean Baptiste Biot，1774—1862）抢先发文章。阿拉果请求调查。调查的结果，比奥输了。但是，比奥在 1813 年还是把文章发了。

正在懊恼的时候，1815 年，阿拉果获得一份手稿。手稿作者叫菲涅耳。手稿是在一个阿拉果参与的私人聚会中，菲涅耳的舅舅展示的。阿拉果惊奇地发现，这样一个正业是土木工程师，利用业余时间研究光学的研究者，居然做出了漂亮的光的波动理论的创新[27]。

▶ 菲涅耳

这里我稍稍介绍一下菲涅耳。

菲涅耳(见图6-11)出生在法国诺曼底的一个小镇上的一个杨森教派的家庭。杨森教派虽然也是天主教的一个分支,但是由于其教义有很多跟新教的加尔文教派相似,所以被罗马教廷视为异端。罗马教廷对杨森教派的歧视,也导致菲涅耳应得的声誉大打折扣。

图6-11　菲涅耳

菲涅耳兄弟4个,都是由母亲梅里美(née Mérimée)私教,完成大学以前的教育。菲涅耳从小就病恹恹的,开智很晚,据说8岁都不能读书。他小的时候唯一显示出来的才能,就是把树枝当箭,用玩具弓到处射击。射击很准,获得了"小天才"的称号,惹得一堆大孩子要联合起来对付他[28]。

其大学和专业教育从1801年持续到1808年,使他成为一名土木工程师。毕业后,他终其一生都在为国营桥梁、水体和森林公司工作[29]。

1815年,拿破仑从厄尔巴岛逃出,打回巴黎,开始了他的百日王朝。菲涅耳先是参加保王党的军队,去阻击拿破仑的回程。当保王党战败以后,菲涅耳逃回到了他母亲的房子里。利用那段闲暇时光,他搞起了自己的业余爱好——光学实验[29]。

正是那段闲暇时光,菲涅耳建立了波动光学。

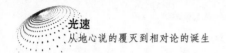

▶ **竞赛**

现在说回阿拉果与菲涅耳的故事。

菲涅耳虽然建立了波动光学的理论,但他并不知道托马斯·杨的工作。在阿拉果的参与下,菲涅耳和托马斯·杨彼此通了信。彼此都把对方的工作赞美了一番,相谈甚欢。至此,菲涅耳,托马斯·杨和阿拉果 3 人胜利会师,光学江湖上,波动和微粒两派将会迎来战斗的高潮。

1818 年,法国科学院举行了一个有奖的论文征集活动,其主题就是光的波动说和微粒说。在阿拉果和安培的支持下,菲涅耳提交了波动理论的论文[29]。在论文中,菲涅耳详细地论述了光波衍射的计算方式,这个计算经过后来在相位上的更正,就是现在我们所熟知的惠更斯-菲涅耳原理[29](见图 6‑12):

$$U(P) = -\frac{i}{\lambda}U(r_0)\int_S \frac{e^{iks}}{s}K(\chi)\,\mathrm{d}S$$

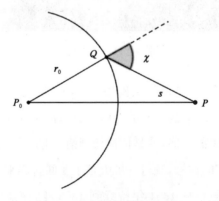

图 6‑12 菲涅耳原理示意

对于没有学过微积分的读者,对上式可以用求和的概念来理解,其中 $\int$ 可以认为是个求和号 $\sum$;下标 S 表示求和的范围;$\mathrm{d}S$ 称为微元,可以看作三维空间中一个面积为 S 的曲面被分成非常多非常小的微面,每个微面的大小是 $\mathrm{d}S$,然后 $\mathrm{d}S$ 和曲面上此微元对应的 $\frac{e^{iks}}{s}K(\chi)$ 相乘,最后被全加起来。

图 6-12 中 P_0 是发出光波的地方，P 是光波传播到此，我们要求取其波的幅度 $U(P)$ 的地方。而圆弧段是光波的波前，其强度跟光源的性质有关，而这里认为是一个只跟距离 r_0 有关的结果，用 $U(r_0)$ 表示圆弧上波的幅度；$K(\chi)$ 称为方向因子，表明光场最后要叠加的点 P 偏离虚线所示的传播方向而引起波的强度变化的情况。这是菲涅耳修正惠更斯的叠加原理的最重要的地方。而为了使最后的光场相位叠加正确，菲涅耳还在积分号前加了 $-i$ 项。（另外需要说明的还有波矢 $k = 2\pi/\lambda$，而 λ 是光波的波长）。就波动叠加而言，方向因子的引入，就是菲涅耳和托马斯·杨的最大差别。

当时的评委一共 5 人，分别是拉普拉斯、比奥、泊松、盖吕萨克（Joseph Louis Gay-Lussac，1778—1850，未出席）和阿拉果。除了阿拉果是波动说的支持者，其余 3 位都认为自己是牛顿微粒说的捍卫者。结果泊松运用菲涅耳的公式计算，发现如果光先通过一个小孔，然后再经过一个遮挡部分光路的小圆屏的话，那么在接收屏上的阴影中心将会有个亮斑。按照经验，圆屏阴影图的边沿有彩色条纹，这不奇怪，但是中心有亮斑，则没有人见过。所以，泊松下结论，这说明菲涅耳的波动理论是荒谬的。

阿拉果立即着手实验，最后竟然真的得到了中心亮斑[30]。图 6-13 是

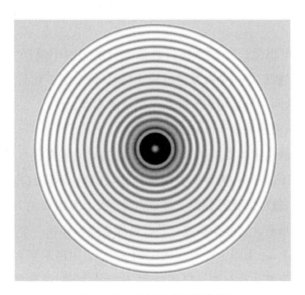

图 6-13　阿拉果亮斑仿真图

阿拉果亮斑的仿真图。

这个亮斑的正式名称应该是阿拉果亮斑,但是我们大家所熟悉的名字,是泊松斑。此斑因为泊松的计算而成为波动理论建立最重要的判决实验。另外,在我看来,很有要奚落一下泊松的意思。他主要是个数学家,对物理尤其是光学并不足够熟悉,不知道在这场比赛中凑哪门子热闹。反过来,这也说明,科学上,凑热闹是非常重要的。不同学科的人,将会给我们提供完全不同的角度。

▶ 偏振

波动学此役大胜。似乎波动学说的胜利已经为期不远。

但是,波动学说还有一个大漏洞:偏振问题。

表面上看,偏振这个问题,离光速的主题似乎有点远。

实际上,相干技术的应用在光速的精密测定中占有重要地位,其是需要考虑偏振的,因为菲涅耳-阿拉果定律告诉我们:

(1) 两个正交的(就是偏振方向成 90°的意思)线偏振相干光是不会产生干涉条纹的。

(2) 两个偏振方向平行的线偏振相干光,才有可能产生稳定的干涉条纹。

(3) 我们可以通过偏振系统将自然光分解为两个偏振方向正交的分量。这时,如果我们将一个分量通过旋光材料,将之调整到与另一个分量平行的情况下,这两个分量仍然不能产生稳定的干涉。

这说明,偏振跟波的干涉相关。

什么样的波的干涉发生的方向与波行进的方向垂直呢? 横波。如果你在墙上固定绳子的一头,另外一头用手抓住,并且让绳子放松,这时你的手快速上下摆动,就可以观察到绳子波动起来,而上下摆动的方向,和波动行走的方向正好垂直。这就是横波。什么是纵波呢? 你找一个长的软弹簧放在光滑的桌子上,一头固定在一个固定物上,然后你沿水平面推一下弹簧,就可以观察到弹簧波动起来。仔细观察,你就会发现,弹簧的某一段,一会儿变密一会儿变舒,这个疏密变化的方向正好跟波的传播方向一致,这就是纵波。

1821 年,阿拉果和菲涅耳在经过种种尝试之后,按照托马斯·杨的建议,确定光是横波[31]。这样偏振和干涉的关系,就完全可以解释了。而这其中最为重要的思想,是圆偏振光的提出,这使得解释自然光这样的情况(各个方向都有偏振,没有任何方向变强,看起来就像没有偏振,好像纵波)成为可能。

菲涅耳的理论,既帮助了阿拉果,使其在与比奥的竞争中,化作投向比奥的利剑;也为我们解释了一系列偏振现象[32]。

当然,偏振的波动理论也为以太带来了暗含的麻烦:只有固体介质中间,才有纯粹的横波,这是通过剪切应变才能产生的。那么,以太是固体吗?从后面我们要介绍的以太的拖拽理论来说,它似乎是"气体"或者"液体",这是现在赞成要恢复以太的朋友,必须要面对的问题,不能因为 200 年一过,这些问题就被我们抛到脑后了。

有兴趣的朋友,可以去找找关于偏振的资料。这里仅给出图 6-14 和图 6-15,激发一下大家的兴趣。

图 6-14 圆偏振光的传播

图 6‑15　**颜色偏振**（塑料由于应变引起的双折射而产生的颜色偏振现象。图片源自 http：//en. wikipedia. org/wiki/File：Birefringence_Stress_Plastic. JPG，CC BY-SA 3. 0）

胜 利 的 尾 声

　　1850 年的 5 月 6 日，傅科向法国科学院报告，他测定了水中的光速，其利用的仪器，依然是他和菲索的仪器的进一步改进[33,34]。实验证明，水中光速比空气中要慢。这一结果，直接否定了牛顿的微粒说。因为，牛顿在《光速》(*Optiks*)中，利用光微粒与普通物质的引力关系，将"光在密度大的物质中传播速度快"作为公设提出，而不是像他的其他光学理论那样，在问题的讨论和猜想过程中提出。

　　而这个实验的最初倡导和设想者，是阿拉果。那个时候，他已经看不见东西了。谁能看得见他的内心呢？是狂喜还是悲凉[35]？

　　1853 年，阿拉果在病痛中与世长辞。而他的名字列入了埃菲尔铁塔的 72 贤人中。这些贤人中，当然也有菲涅耳、拉普拉斯、泊松、菲索、傅科等，唯独没有比奥。看来,阿拉果,这位汤姆·索亚般的孩子,法兰西第二共和国执行委员会主席,是大获全胜了。

参考文献

［1］Alain Aspect. From Huygens' waves to Einstein's photons：Weird light. C. R. Physique，2017（18）：498－503.

［2］Aether (mythology). https：//en. wikipedia. org/wiki/Aether_(mythology).

［3］Jonathan Barnes. Complete works（Aristotle），Princeton：Princeton University Press，1991.

［4］Ptolemy's Almagest. Translated and annotated by Toomer G. J. London. Gerald Duckworth&Co. Ltd，1984：36.

［5］Alexandre Koyré. The astronomical revolution：Copernicus — Kepler — Borelli. Translated by Dr. R. E. W. Maddison. New York：Cornell University Press，1973：154.

［6］Horror vacui (physics). https：//en. wikipedia. org/wiki/Horror_vacui_(physics).

［7］Vacuum. http：//en. wikipedia. org/wiki/Vacuum，http：//en. wikipedia. org/wiki/Blaise_Pascal.

［8］Christiaan Huygens. Treatise on light. Translated by Silvanus P. Thompson. The Project Gutenberg eBook，2005.

［9］Huygens-Fresnel principle. http：//en. wikipedia. org/wiki/Huygens%27_principle.

［10］经济、文化人物传记：方以智. http：//www. zuxun100. com/wap/article/difangzhi/info/13170/fz_id/17664.

［11］Corpuscular theory of light. http：//en. wikipedia. org/wiki/Corpuscular_theory_of_light.

［12］Newton's rings. http：//en. wikipedia. org/wiki/Newton%27s_rings.

［13］Isaac Newton. Optiks：or a treatise of the reflections，refractions，inflections and colours of light. The Fourth Edition，corrected. London：Printed for William Innys at the West-End of St. Paul's，1730.

［14］Christiaan Huygens. Dutch scientist and mathematician. https：//www. britannica. com/biography/Christiaan-Huygens.

［15］Thomas Young（scientist）. https：//en. wikipedia. org/wiki/Thomas_Young_ (scientist).

[16] Thomas Young. The Bakerian lecture: on the theory of light and colours. Philosophical transactions of the Royal Society, 1802, 92.

[17] Ripple tank. https://en. wikipedia. org/wiki/Ripple_tank.

[18] Thomas Young. The Bakerian lecture, experiments and calculations relative to physical optics. Philosophical transactions of the Royal Society, 1804, 94: 1.

[19] Francesco Maria Grimaldi. https://en. wikisource. org/wiki/Catholic _ Encyclopedia _ (1913)/Francesco_Maria_Grimaldi.

[20] François Arago: the most interesting physicist in the world. 2012 - 01 - 16. http://skullsinthestars. com/2012/01/16/francois-arago-the-most-interesting-physicist-in-the-world/.

[21] Christoph Lehner. etc, Einstein and the changing worldviews of physics. Ch2. Boston: Birkhäuser, 2012: 27 - 29.

[22] James Lequeux. Arago's experiments on the speed of light (1810), the Arago exhibition to mark the 150th anniversary of his death (2003). http://www. bibnum. education. fr/sites/default/files/3-arago-analysis-eng. pdf.

[23] Spavieri G, Contreras G. The Arago experiment as a test for modern ether theories and special relativity. Il Nuovo Cimento. B, 1986, 91(2).

[24] What a drag: Arago's Experiment (1810). 2008 - 07 - 05. http://skullsinthestars. com/2008/07/05/what-a-drag-aragos-experiment-1810/.

[25] Jed Z Buchwald. The Oxford handbook of the history of physics. London: Oxford University Press, 2013: 451 - 457.

[26] Etienne Louis Malus. https://www. encyclopedia. com/people/science-and-technology/physics-biographies/etienne-louis-malus.

[27] Levitt T. Editing out caloric: Fresnel, Arago and the meaning of light. The British Journal for the History of Science, 2000, 33: 54.

[28] Augustin-Jean Fresnel. https://en. wikipedia. org/wiki/Augustin-Jean_Fresnel.

[29] Huygens-Fresnel principle. http://en. wikipedia. org/wiki/Huygens-Fresnel_principle.

[30] Arago spot. http://en. wikipedia. org/wiki/Arago_spot.

[31] Augustin Jean Fresnel. http://www. encyclopedia. com/topic/Augustin _ Jean _ Fresnel. aspx.

［32］Jed Z Buchwald. The rise of the wave theory of light：Optical theory and experiment. Chicargo：University of Chicargo Press，1989：238.

［33］William Tobin. Léon Foucault. Scientific American，1998，279(1)：72 - 77.

［34］Léon Foucault. https：//en. wikipedia. org/wiki/L％C3％A9on_Foucault.

［35］François Arago. https：//en. wikipedia. org/wiki/Fran％C3％A7ois_Arago.

7 拖拽以太

波动光学从诞生开始,始终被一个问题纠缠,那就是:光波赖以存在的以太,该是什么样子的? 它是如何与普通物质相互作用的? 如何让行星穿梭其间而不受其阻碍? 它如何可以维持弹性? 如果光是横波,就算是固体物质,我们也需要知道,它如何只传横波,不传纵波?

1804 年,托马斯·杨写道:

"说到光行差现象,我趋向于相信承载光波的以太可以几乎无阻碍地弥散进入所有物体,一如穿过树林的微风般自由。"[1]

换言之,以太一旦弥散进出于物体,将完全不会随物体一起移动,而是穿物体而过。

因为只有以太穿物体而过,在波动光学的假设前提下,我们才能合理解释光行差。

托马斯·杨没有仔细陈述他的理由。

我们来详细说说托马斯·杨可能的想法。

如果我们坚持日心说,认为太阳是宇宙的中心,且抛开太阳的自转,则整个宇宙的以太相对太阳的位置静止,而且恒星的位置相对太阳也是固定不动的。

我们可以把整个宇宙比喻为一个没有风影响,也没有水流动的湖,以太就是湖中的水;湖上有一些固定不动的岛屿,就是太阳和恒星;而行星则是湖上的行船。这时有人在一个岛屿上激起水波,也就相当于恒星发出了光并在以太中传播。

如果船行得慢,自己带不动水流,我们坐在船上,观察靠近船的水波的运动,就是两个运动的叠加:一个是水相对船的反方向运动,一个是岛屿来的水波的波动,我们就感觉到了水波的运动方向,和船静止时湖面的水波运动方向完全不同。这个不同,我们可以称为"波行差",也就是船航行起来后,船上人感觉到的波动方向的变化。

如果船走得快了,船边的水就会跟着动,这个时候船上的人感觉到的波动前进方向,就和水自顾自的流动情况不同了。我们开一下脑洞,想象一下最极限的情况:船边的水跟船一起走;而且,船边的水和邻近水域的水相互只有界面摩擦,那么,波动的传递,几乎不受水和水之间相对运动带来的影响。最后,船边观察到船边的波的前进方向,和静止时观察到的几乎完全相同。波行差也就消失了。

回到光行差的问题上来,我们也来看看对应的这两个极端的情况[2]。

一种是以太可以完全穿过物体,完全自行运动的情况。如图7-1左边的体系,小球代表远处恒星来的光波,其本来是竖直向下的,由于相对地球上的运动,有了个向左的运动叠加进来,所以地球上的望远镜,只有斜着镜筒,才能让光波穿过望远镜,被观察者观察到。

另一种情况,是以太完全随物体一起移动。如图7-1右边的体系,如果我们把望远镜完全浸在水中(图中灰色所示,这是真正的水,而不是用来

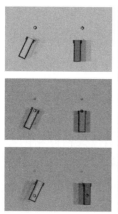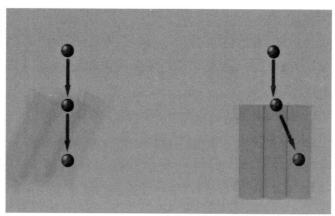

图7-1 光行差的消失[2]

比喻以太的"水"），如果以太将随水一起移动，因此和左图不同，代表光波运动的小圆球，也将随着水一起移动。所以，如果开始光在宇宙间静止的以太中，是竖直传下的话，到达水面以后，将可以竖直地通过水中的望远镜筒到达观察者，那么光行差就消失了。

由此，简单考虑，可以认为，采用以太完全自顾自的运动，才能获得合乎情理的关于布拉德利的光行差观察数据的解释。

菲涅耳的部分拖拽理论

1818 年，阿拉果就自己 1810 年的光行差实验的结果，致信菲涅耳，以求在波动理论上获得一个合理的解释[1]。

为了解释阿拉果的实验，菲涅耳在给阿拉果的回信中给出了新的理论，即以太部分拖拽理论[1]。

上一章我们讲过，阿拉果在自己望远镜前面加了一块棱镜，来看星光通过棱镜后变化的位置。按照阿拉果的设想，如果光的粒子说是对的，则除了有棱镜本身的折射影响外，还应该检测到有光速变化的影响。但是最后阿拉果没有测到明显的效应。

对于波动学说而言，也需要讨论以太的运动情况，来解释阿拉果的实验结果。

菲涅耳在回信中，提出了一个关于以太运动的新的模型。他最后证明，棱镜的加入，不会造成明显的影响；在当时的实验精度条件下不可能观察到相应的效应。

菲涅耳是从更通常的情况来讨论问题的。

一个棱镜的入光面，不管是水平放置、垂直放置，还是按任何倾斜的方式放置，最后我们得到的折射定律都是一样的，即 $n_1 \sin \theta_1 = n_2 \sin \theta_2$（$n_1$ 和 n_2 是入射介质和折射介质的折射率，θ_1 和 θ_2 是入射角和折射角）。这种情况的最好解释，就是认为以太相对地球是静止的，不会对折射定律产生任何影响，所以地球上的以太相对宇宙是流动的。

但是,另一方面,如同托马斯·杨讨论过的一样,为了解释光行差,最好假设以太浸润在普通物质中;所有普通物质都有微小的孔,以太流过这些小孔,又不被这些小孔带动,所以地球上的以太相对宇宙是静止的。

这两种假设是彼此矛盾的。如何协调呢?

菲涅耳把地球上的透明物体内的以太分为两部分,一部分被透明物体吸附住(为了讲解方便,我这里把它叫作"吸附以太"),并随透明物体一起运动;而另一部分,则是和环境中的以太一样(我把它叫作"自由以太"),则会穿过物体,而与宇宙中的以太保持相对的静止("吸附以太"和"自由以太"是作者为讲解方便,自己定义的名称)。

那么吸附以太和自由以太的比例如何,又如何影响了波动的传递呢?

如果把透明物体想象成一艘航行在以太湖中的船,不断有以太流入又不断流出。这流出和流入的以太,即自由以太,其密度当然就和环境一致;如果船上的以太密度较高的话,则总是有一部分以太留在船上(即吸附以太),和船一起运动。而在船上的以太相对湖中以太的相对运动速度,就应该是自由以太速度和吸附以太速度按照密度的权重进行平均的结果。

因此,菲涅耳假定,物体内所含的总的以太的密度 ρ' 与物体的密度成正比,而根据当时的学说,认为此物质折射率的平方 n'^2 又正比于物质的密度。再假定自由以太的密度和环境中以太的密度 ρ 相同,并且相对宇宙静止不动;则吸附以太的密度就变成 $\rho'-\rho$,其运动和地球在宇宙中的运动速度相同,为 v。最后,菲涅耳假定,这两者合起来形成的影响光波行进的合成速度为

$$\frac{\rho'-\rho}{\rho'}v = \frac{n'^2-n^2}{n'^2}v$$

因此,在地球上观察,在此透明物体内光波的速度为

$$\frac{c}{n'} - \frac{n'^2-n^2}{n'^2}v = \frac{c}{n'} - \left(1-\frac{1}{n'^2}\right)v$$

式中,c 是真空中静止以太情况下的光速,n 是光在真空中的折射率,为 1。在空气较干燥的一般情况下,空气折射率和真空非常接近,所以,在跟玻璃、水等物质的折射率作对比时,空气的折射率取 1。

现在,如图 7 - 2 所示,我们来分析一下,棱镜 *PQC* 的一个面 *PC* 上,在远处星光带来的平行光线 l_1 和 l_2 进入的情况下,光的出射情况。我们假定,光的入射方向与 *PC* 面垂直,而且与地球的运动方向平行,且同向。

第一种情况[见图 7 - 2(a)],是我们假定,在宇宙框架下,地球静止,则光线将按照折射定律,穿过棱镜,发生折射,光沿着 *RE* 行进(图中用向量 ***v*** 表示),经过一定时间 *t*,经过透镜聚焦,穿过位于 *E* 点望远镜的分划板,且多走一点路程。

第二种情况[见图 7 - 2(b)],我们考虑地球是运动的情况。此时,光的波动,就必须考虑棱镜随地球的运动,以及棱镜中以太的运动。站在静止宇宙的立场来观察,图中,光经过和第一种情况同样的时间 *t*,沿 *CF* 行进(图中用向量 ***w*** 表示),到达 *F* 点。

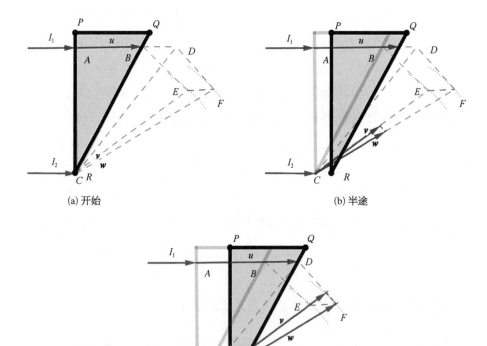

(a) 开始

(b) 半途

(c) 到达探测位

图 7 - 2 菲涅耳的部分拖拽理论解释光行差

仔细观察图 7-2(c)，我们发现，BDEF 几乎是一个平行四边形。而其中，D 点，是棱镜上的 B 点经过时间 t 到达的位置。如果望远镜的十字分划板相对棱镜的位置不变，那么十字分划板应该到达了 F 点附近。

菲涅耳证明，如果地球的运动速度，相对光速小得非常多时，BDEF 就是平行四边形。那么 F 点落在十字分划板上的位置，和 E 点落在静止状态下十字分划板的位置，完全一样。

对于学习过高等数学的读者，可以自行推证菲涅耳结果：在保留 v/c 的一阶项的情况下，$\sin\beta = \dfrac{d}{\lambda'}\cos i\,\sin i - \dfrac{d}{\lambda\lambda'}\sin i\,\sqrt{(\lambda')^2 - \lambda^2\sin^2 i}$。其中 β, i 是 $\angle ECF$ 和 $\angle ACB$；λ 和 λ' 分别是真空中和棱镜中的光波长；d 是光波振动一个周期这样一个时间间隔内，地球在宇宙中行走的路径长度。易知，$\dfrac{d}{\lambda} = \dfrac{v}{c}$。光的行走路径的计算，使用的是惠更斯的子波法。

这样的话，在当时的望远镜分辨率的水平情况下，想通过棱镜折射的光打在望远镜的十字分划板的位置，来区分以太和棱镜之间的运动关系，就完全不可能了。

以太部分拖拽理论，只是在一封给阿拉果的几页纸的信中被简单提出。在这封信，菲涅耳还预测了在图 7-1 中展示的望远镜灌满水的实验的结果。实验在 1871 年由艾里（George Biddell Airy，1801—1892）完成，结果完全符合预测。

菲涅耳无论对光的衍射与干涉图像的定量解释、对光的偏振的定量解释，还是对光行差的解释，无一不与实验结果对应。菲涅耳的风头，一时无两。

19 世纪波动光学理论，虽是由托马斯·杨最先倡导，但理论的精巧大厦，却是菲涅耳完成的。其良好的直觉、巧妙的构思和角度独特的数学处理，奠定了其一代宗师的地位。虽然，菲涅耳只活了短短 39 年，却为我们创造了一个瑰丽灿烂的宫殿[3]。

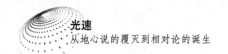

全 拖 拽 理 论

在看似完美的解释后面,菲涅耳的理论带来了另一个问题:以太到底是流体还是固体? 弹性体的横波是如何传递的?

菲涅耳本人为了解释这一系列以太怪异的性质。他引入了在当时的化学学科中常用的"分子"的概念[1,4]。

他认为以太流动过程,是这些分子在运动,而横波的传递,是由于分子之间的吸引和排斥引起的。分子偏离自己在体系中的平衡位置,一些分子彼此近一些,另一些彼此又远离了。靠近的分子之间有排斥力,越靠近彼此排斥力越强。综合来看,分子就受到了回到自己平衡位置的力,这个力既可以和波动的方向垂直,也可以平行。

但是,平行方向的力,由于和其他分子"硬碰硬",所以力量大,传播快得多,早就超过了光波的传递。当我们感觉到光时,纵波早就传过去了,我们只感受得到光是横波。

菲涅耳的理论,是后来以太学说反复辩论的主题。以太的力学性质解释,需要越来越复杂的模型,这也是以太学说最后被放弃的最重要原因。

另外,这个思想,也是固体弹性波动理论发展的重要诱因。在泊松等人的促进下,固体弹性理论快速发展起来。

▶ 固体的弹性

这一小节和下一小节,主要是写给"打破砂锅问到底"的读者。如果材料力学的知识缺乏,这些概念理解起来是相当困难的。不过,不读这两小节,也不会影响后面的理解。

固体的弹性理论,始于达·芬奇(Leonardo da Vinci,1452—1519),又有伽利略、胡克等人不断推进,所以在欧拉(Leonhard Euler,1707—1783)和拉格朗日(Joseph-Louis Lagrange,1736—1813)建立的分析力学框架下,可以对受力情况进行分析[5]。

固体受力，将发生形状变化。如果是固体内的一个小团（我们称为微元）发生形变[6]的受力截面与受力方向垂直，并且沿受力方向发生压缩或者拉伸，那么我们称这种形变为正应变；而如果受力截面与受力方向平行，沿受力方向发生错动，我们称为剪切应变。固体内部相应的力称为正应力和剪切应力[7]。

当然，固体内部的各个部分总是既存在剪切应力和应变，也存在正应力和正应变，使得我们对材料的受力分析变得非常复杂。如图 7-3 所示，方块 $ABCD$ 在固体内部受力后，发生了位置变动和形状变化，成了 $abcd$。小方块从 $ABCD$ 运动到虚的方框，是由其他部分运动引起的，我们不考虑。仅考虑从虚框如何变成 $abcd$ 的。我们认为位置变动，主要是正应变，对应图中 $\dfrac{\partial U_x}{\partial x}\mathrm{d}x$ 和 $\dfrac{\partial U_y}{\partial y}\mathrm{d}y$；而反映物体错动的则是剪切应变，对应图中 $\dfrac{\partial U_y}{\partial x}\mathrm{d}x$ 和 $\dfrac{\partial U_x}{\partial y}\mathrm{d}y$（对于没有学过微积分的读者，先要理解偏微分。比如 $\dfrac{\partial U_x}{\partial x}$ 就代表仅有 x 做微小变化 ∂x 时，作为既是 x，又是 y 的函数的 U_x 相应的微小

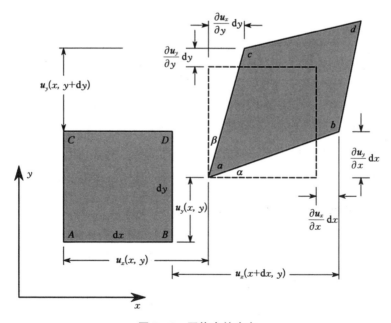

图 7-3　固体内的应变

变化 ∂u_x 对 ∂x 的比值。另外，$\mathrm{d}x$ 和 $\mathrm{d}y$ 表示 x 和 y 的微小变化；在微积分中，我们一般用 d 做前导，表示微小变化的量。如果你还是不太明白，那么请略过解释，直接看斯托克斯的结论即可，等学完微积分再回头来看）。

固体的形变分两类，称为弹性形变和塑性形变。弹性形变很容易理解，就像小的时候打弹弓，拉开弹弓，打出一颗小石头以后，松了手，橡皮筋就回到了原来的位置；而塑性形变，就像在泥地上打了个坑，那个泥地的坑就再不会自己恢复成原来的形状了。

一般情况下，用力不大，用力时间短，固体都发生弹性形变，其遵循的规律，一般就是胡克发现的弹性定律，那么这个时候不论剪切或者正应变，在外加力消失后，都会产生弹性回复；这就会把横向或者纵向振动的波传出去很远，而波动的能量也不会快速散失成热量。

▶ 流体

流体和固体之间的差别，就在于其行为主要是"塑性形变"，没什么"弹性"。一般，依据牛顿第二定律，考虑流体的动量变化而得的力的平衡方程如下[8]：

$$\frac{\partial}{\partial t}\iiint_V \rho \boldsymbol{u} \, \mathrm{d}V = -\oiint_S \rho(\boldsymbol{u} \cdot \mathrm{d}\boldsymbol{S})\boldsymbol{u} - \oiint_S p \, \mathrm{d}\boldsymbol{S} + \iiint_V \rho \boldsymbol{f}_{\mathrm{body}} \mathrm{d}V + \boldsymbol{F}_{\mathrm{surf}}$$

式中，ρ 是流体在某个位置的密度，$\boldsymbol{u}$ 某个位置上流体的运动速度，V 是流体内一个区域的体积，而 $\mathrm{d}\boldsymbol{S}$ 是封闭这个区域的表面的微元（每个表面微元的朝区域之外的法线，被看作是表面的"方向"，这样每个表面微元都有了方向，方便整个公式使用矢量运算）。p 是压强；$\boldsymbol{f}_{\mathrm{body}}$ 是所谓"体力"，比如重力，是指 V 内每个区域都受到的力；而 $\boldsymbol{F}_{\mathrm{surf}}$ 则是区域 V 通过区域表面受的合力，称为"面力"。

观之整个方程，"体力"部分对之"以太"，显然没有什么来源，所以可以忽略。再看"面力"，面力可以沿表面垂直施力，推动整个区域运动；也可以剪切而施力，不过，这个力不是弹力，而是"黏滞力"[9]，类似我们平时谈的摩擦力，只会以热的形式耗散能量，所以无法传递波。唯一有波动传递能力的一项,是压强对应的项,不过,其只能传递纵波,就像空气中的声波一样,这显然不符合光是横波的要求。

有没有东西,可以既具有固体的性能,又具有流体的性能呢?当然有,有很多材料有黏弹性,特别是我们今天广泛使用的塑料,就是具有黏弹性的材料。在一定温度条件下,其黏性的一面非常弱,而弹性的一面非常强,只有相对大尺度的作用或者相对大强度的力量,才能将材料的黏性表现出来。但是,黏弹性的理论成熟得相当晚,要迟至 1880 年代[10]。所以,在斯托克斯对以太做处理的年代,即 1840 年代,是没有办法加入黏弹性的理论的[11]。

▶ 斯托克斯的以太理论

作为一位流体力学家,斯托克斯发现,利用"连续性"的理论,是非常容易解释光行差的。

他假设,以太进入一般物质内部时,将随着这些物质一起运动,而从材料的表面,到足够远的自由空间,以太将会被部分拖拽,而在真正足够远的自由空间,以太将保持静止。每一次,波的传动方向的改变,都只有一点点,但是经过长距离的变化,依然可以积累起足够明显的光行差的变化[11]。

所谓"连续性",是指在整个波传递的路径上,以太一点一点连续地被拖拽(连续性这个词,是我为解释这个结果而使用的,并不是斯托克斯的用词)。

如图 7 - 4 所示,是斯托克斯 1845 年依他提出的以太的拖拽理论对光行差的现象的解释。P 即远处的星星,而 E 即地球,P 和 E 上的箭头代表星体的运动;而中间的横线则代表光的波面,由于以太的拖拽,从星星发出的光的波面和靠近地球的光的波面都发生了变化,而运动方向也相应地发生

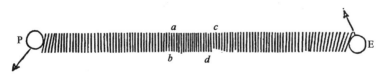

图 7 - 4 以太的全拖拽理论示意[11]

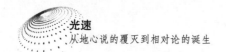
了变化,此即光行差(我们注意到星星附近的以太波面也是变化的,这是因为星星也要运动。在卡西尼的年代,即1770年代,通过观察太阳的耀斑,我们已经知道恒星本身也是有自转的)。

这样,斯托克斯通过对以太的连续拖拽过程的假设,解释了光行差现象。

斯托克斯的以太完全随弥散进入的物质一起运动,谓之完全拖拽;而菲涅耳的理论则是部分拖拽。那么,谁对呢? 斯托克斯期待有判决实验出现[12]。

菲索的流水实验

1851年,菲索巧妙地构造并完成了流动水中光速相对变化比较的实验,以便在全拖拽和部分拖拽理论间作出判断[13]。

图7-5展示了菲索的实验的原理图:光从源头S发出然后经过分光镜G,被L上的镜头准直,再进入孔O_1和O_2,出来两束光,分别进入载有流动的水的两根管子A_1和A_2。这两只管子的水流方向如图所示。经过管子的光再经L'的聚焦镜,打在反射镜m上,再分别反射进入彼此第一次未曾进入的水管,这时我们发现,一束光总是顺着水流方向进入管子,另一束则总是逆着水流方向进入。经过两次水流的两束光,又分别经过孔O_1和O_2,再经过L上的镜头,最后从分光镜G上反射到S'处,形成可观察的干涉条纹。

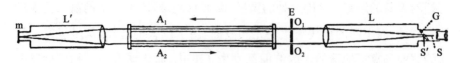

图7-5 菲索的流水实验示意[14]

要观察以太的拖拽效果,如图7-6所示,通过控制气压泵,菲索可以控制水不流动或者流动的速度,这样我们就控制了光在水中的速度,因此引起了光到达干涉条纹观察处的相位差,进而就可以观察到条纹的移动了。

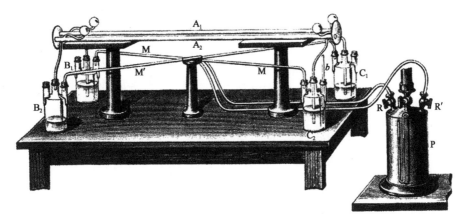

图 7-6　菲索的流水实验[14]

　　菲索实验设计的精巧之处在于：两束光除了经过了不同方向的水流，其余的路程情况都相同，这样就可以避开关于光行差实验中的以太行为的种种争论，而只考虑水流对以太拖拽引起的结果。

　　在菲索的实验中，水管的长度为 1.487 5 m(这个精度达到了 1/2 mm 的水平)，水的流速为 7.059 m/s，光的波长取为 526 nm。按照菲涅耳的理论，条纹移动数目为 0.202 2 条条纹；而按照全拖拽理论，条纹移动数目为 0.459 7 条条纹。实验结果如下：

在水的平均速度为 7.059 m/s 的情况下的条纹移动	观察到的条纹移动与其均值的偏差
0.200	−0.030
0.220	−0.010
0.240	+0.010
0.167	−0.063
0.171	−0.059
0.225	−0.005
0.247	+0.017
0.225	−0.005
0.214	−0.016

0.230	0.000
0.224	−0.006
0.247	+0.017
0.224	−0.006
0.307	+0.077
0.307	+0.077
0.256	+0.026
0.240	+0.010
0.240	+0.010
0.189	−0.041

合计　4.373

均值　0.230 16

也就是说,其平均值为0.230 16条条纹,明显偏向菲涅耳的理论[14]。

菲涅耳的理论并非没有问题。一个是后来以太理论的发展,都是把以太作为有轻微流动性的弹性固体处理的,弹性固体是有弹性纵波存在的。而弹性纵波的问题,实验从来都没有观察到过。另外,后来的迈克耳孙-莫雷实验和特鲁顿-诺布尔实验[14]都与菲涅耳的理论不符[15]。

不过,在介绍这些实验之前,下两章我们将转向电的以太理论。因为,正是电磁波的理论和实验,为相对论诞生准备了重要的理论基础。

参考文献

[1] Kenneth F Schaffner. Nineteenth-century aether theories, New York: Pergamon Press, 1972.

[2] Aberration of light. http://en. wikipedia. org/wiki/Aberration_of_light.

[3] Augustin-Jean Fresnel. https://en. wikipedia. org/wiki/Augustin-Jean_Fresnel.

[4] Danilo Capecchi, Giuseppe Ruta. Strength of materials and theory of elasticity in 19th century Italy. Switzerland: Springer International Publishing, 2015: 3 - 4.

[5] Solid mechanics. https://en. wikipedia. org/wiki/Solid_mechanics.

[6] Deformation(mechanics). http://en. wikipedia. org/wiki/Deformation_(mechanics).

［7］Stress(physics). http://en. wikipedia. org/wiki/Stress_(physics).

［8］Fluid dynamics. https://en. wikipedia. org/wiki/Fluid_dynamics.

［9］Viscosity. http://en. wikipedia. org/wiki/Viscosity.

［10］Viscoelasticity. http://en. wikipedia. org/wiki/Viscoelasticity.

［11］George Gabriel Stokes. On the aberration of light. Philosophical Magazine, 1845, 27: 9 - 15.

［12］Stokes G G. On Fresnel's theory of the aberration of light. Philosophical Magazine, 1846, 28: 76 - 81.

［13］Hippolyte Fizeau. On the effect of the motion of a body upon the velocity with which it is traversed by light. Philosophical Magazine, 1860, 19: 245 - 260.

［14］Trouton-noble experiment. https://en. wikipedia. org/wiki/Trouton％E2％80％93Noble_experiment.

［15］Aether drag hypothesis. http://en. wikipedia. org/wiki/Aether_drag_hypothesis.

第 8、9 章导读

这两章是为电磁波而写。

第 8 章,介绍了科学家们如何认识电,并通过实验、实践和理论的相互促进,逐步认识电和磁的相互关系的历史。正是这一进程,使得电磁波的理论预言呼之欲出。

第 9 章,从韦伯和科尔劳斯通过电学实验,测定一个跟光速同量级的常量开始,再介绍麦克斯韦方程组的建立以及光速作为重要证据情况下的麦克斯韦的预言,最后介绍了赫兹证实电磁波的实验。

从第 9 章开始,直至 11 章,有较多的公式。希望读者有足够的耐心和勇气来阅读。毕竟,这些公式不难。

8　电磁相生

电

我们中国人讲雷公电母，又讲风驰电掣，一是说电和雷相连，会出现声和光，二是说电产生的光速度非常快。

不过，在物理学中，"电"一词的本意，并不是雷电，而是摩擦生出的电。电的英文，是 electricity。而 electricity 来自 1600 年英国科学家威廉·吉尔伯特（William Gilbert，1544—1603）的一本书《磁，磁体，地球的磁》（*De Magnete，Magneticisque Corporibus，et de Magno Magnete Tellure*）中造出的拉丁词 electricus，意思是"像琥珀那样的东西"，指的就是琥珀可以摩擦生电[1]。

中文的"电"，是在知道雷电和摩擦生的电是一回事后，将 electricity 翻译而得来的[2]。那么，是谁把这雷电的"电"和摩擦生电的"电"连起来的呢？

是美国科学家本杰明·富兰克林（Benjamin Franklin，1706—1790，见图 8-1），他是美国的国父之一，也是 100 元美钞上印着的那个人。

在一般的通俗读物中，描述富兰克林通过在大雷雨天放风筝，风筝线打湿了，把电引下来，然后把自己电一下，以证明雷电的电和我们摩擦生的电是一回事。但是，这样做相当危险，且不一定成功。

那么，富兰克林的实验做了吗？到底是如何做的呢？进一步要问，他又是为啥想到要证明摩擦电和雷电的电是一种东西呢？

图 8-1　本杰明·富兰克林

且听我一一道来。

▶ 起电机、辉光与莱顿瓶

1662 年格里克(Otto von Guericke,1602—1686)发现,电之间不但可以相互吸引,又可以相互排斥。格里克做了一个机器,在这个机器上,他让一个穿在铁棒上的硫黄球通过摇手柄而转动,再让另一只手和球发生摩擦,以生电(见图 8-2)。格里克发现,这样生出来的电,有时可以吸引小物体,有时又会排斥小物体[3~5]。

格里克的机器,不但帮助格里克发现了电之间可以排斥的性质,而且其通过高速转动产生大量电荷的机理,大大促进了起电机的发展(见图 8-3)。

1705 年,弗朗西斯·豪克斯比(Francis Hauksbee,1660—1713)利用自己改进的格里克起电机产生了辉光。他把一个由水银密封中间有低真空的玻璃管放到起电机上摩擦,看到了玻璃管内部出现了辉光。电似乎会在空气中发光[6]!

而离豪克斯比产生辉光后不久,1708 年,威廉·沃(William Wall)就在

图 8‑2　格里克起电机

图 8‑3　18 世纪使用的改进的格里克起
电机（图中女子正用一个铁棒摩
擦一个玻璃球，玻璃球由男子通
过机械传动转动）

《自然哲学》上登出了自己的观察记录。他看到了电火花，听到了空气的爆裂声，就把电的这种现象和雷电相比[7]。

也就是说，在富兰克林之前，就有人猜想雷电和摩擦生的电是一回事了。

但是光有这种观察是不足以证明这个猜想的。必须要有装置存储雷电引来的电。

说到存储装置，我们又要说回豪克斯比。

在豪克斯比于英国王家科学院表演辉光现象时，在场观看的 53 岁的格雷（Stephen Gray，1666—1736）受到吸引，就回家自己做了一个类似的装置。在实验时，他注意到，塞住辉光灯的塞子也有了吸引力。他由此猜想，是玻璃管的电传到了塞子上。所以，他就和朋友一起做了一系列实验，看看哪些物品容易导电，哪些不容易。在他们的实验中，他们发现银最容易传电。而且，他们还发现了导体和绝缘体；而导体和绝缘体的两个名词是由他们在王家协会的朋友德萨格列（Desaguliers）命名的[8]。

格雷的实验是 1725 年开始做的。那时，把持王家科学院的是牛顿。也许是牛顿对电学的轻视，也许是牛顿与格雷曾为之工作的弗拉姆斯提德的矛盾，格雷的研究被直接忽视了。直到 1727 年，牛顿死了，在朋友的帮助下，1731 年，他的工作才得到承认[8]。

1732 年，也就是格雷离世前 4 年，法国的杜菲（Charles François de Cisternay du Fay，1698—1739）和诺莱（Jean-Antoine Nollet，1700—1770）一起拜访了他[9,10]。杜菲回去以后，针对一系列电现象提出疑问，并着手实验。在实验中，杜菲发现，玻璃电和琥珀电是两种不同的电，并且发现带同种电的物体间彼此排斥，而带异种电的物体彼此吸引。而诺莱回去后，也进行了一系列实验，并结合杜菲的实验，提出了电流体理论，认为电是一种存在于物体内部的流体，并可以通过摩擦引出来；如果这个物体本身缺乏这种流体，则需要外部的流体来补充。附近的小物体能被排斥或吸引，则是由于电流体向空间流出或回流补充的气体流动行为而引起的。诺莱的理论是不需要两种电荷的，所以其理论也阻碍了杜菲的发现的推广[11]。

格雷、杜菲和诺莱的实验非常有吸引力。为了重复他们的实验，相关设备有了巨大的市场需求。实验需要可以产生足够电量的格里克起电机。手艺人们(他们中有相当一部分是大学的教授)展开竞争,纷纷改良,以求得自己的起电机有好的销路。他们逐渐发现,利用绝缘体夹在两片金属中间,可以收集起电机产生的电荷,以便离开起电机也可以使用。他们制作了最原始的电容器[12]。但是,真正有意识地制造可以存储电荷的装置,并不是沿着这种最原始的电容器进行的。根据诺莱的流体理论,人们当时最明确的想法,就是把电这种流体引出来并存储起来[11]。

1745 年,一个叫克拉斯特(Ewald Georg von Kleist)的德国主教,用了一个装满酒的瓶子,再从瓶口插入一根钉子,然后在格里克起电机上摩擦钉子一端。然后,他端着瓶子离开起电机,自己摸了下钉子,结果感觉"差点被从屋这头甩到屋那头"[13]。

克拉斯特的实验逐渐传播开来,但是做实验的人经常不成功。因为当时人们没有意识到,人也是一种导体,钉子和人共同形成了电容器,所以忽略了克拉斯特的实验的一个细节:克拉斯特在格里克起电机上充电的时候,是用一只手托住瓶子的,而摸钉子的时候,是用另一只手。这实际上是给充满电的电容器短路。只有这种情况下,人才能遭到电击。正是从瓶子的实验出发,人们逐渐意识到"接地"的重要性[14]。

1746 年,莱顿大学的穆森布罗克(Pieter van Musschenbroek,1692—1761)和他的一个同事以及一个来看热闹的律师一起,进行了克拉斯特的实验,并对实验进行改进,做成了莱顿瓶。莱顿瓶的名字是在穆森布罗克的实验消息传到法国后,由诺莱命名的,意即莱顿大学发明的装电的瓶子。不过穆森布罗克他们从来也没有说是他们发明了莱顿瓶(见图 8-4)。后来人们逐渐发现,并不需要在莱顿瓶里装液体,只要在瓶子内外镀金属箔,而钉子上的链子接触到内部的箔,就能够存储电荷了[15]。

▶ 避雷针

现在我们说回富兰克林。

富兰克林在实验的基础上,提出了单流体理论。对摩擦生电而言,有两种情况:负电流出,而正电留在物体内,物体带正电;或者有负电流入物体,

图 8-4　莱顿瓶

物体带负电。富兰克林的理论,对当时的各种实验都解释得很好。所以,其理论很快代替了诺莱的理论[11]。

但是对于通俗故事而言,这不是重点。重点是,富兰克林真的做了风筝实验吗?

1750 年,富兰克林提出了一个设想,把导体引入云中,并把电引出来。如果雷电真的是和格里克起电机产生的电一样的话[16],那么引出来的电也可以用莱顿瓶存起来。

1752 年 5 月 10 日,达利巴尔(Thomas-François Dalibard,1709—1778)按照富兰克林的设想,在法国马尔利城进行了从云中取电的实验。他们用一根 40 英尺(约 12 m)长的金属杆,竖直指向天空,并在导体和支撑架的底部都放上莱顿瓶,用以收集电荷(见图 8-5)。他们碰上了低矮的积雨云,成功完成了实验[17]。达利巴尔的工作,也是避雷针的最早实验实现。

达利巴尔实验后两个月,消息传到了美洲殖民地。之后不久,英国的自然哲学杂志,发表了富兰克林撰写的风筝实验。但是,这篇文章中,没有说明,这个实验是他自己做的,还是别人做的,抑或仅仅是个设想[18]。而在富兰克林晚年的自传中,他提到,他在费城完成了风筝实验[19]。

风筝实验是有可能的,因为那时候人们对电的威力认识有限,对雷电的

图 8-5　达利巴尔的雷电实验

威力认识更不足,所以会做非常大胆的实验。比如诺莱为了考察电流的传播速度,就曾经让 50 个教士手拉手成圈,然后用莱顿瓶通上电,把 50 个教士电得东倒西歪[10]。

但是,有一件事,大大加深了人们对电的危险的认识。1753 年,俄国科学家利赫曼(Georg Wilhelm Richmann,1711—1753)为了重复避雷针的实验,在未仔细检查系统接地装置的情况下,被雷电打死(见图 8-6)。这件事震惊了整个科学界[20]。

这一节我写得相当啰唆。原因是,我非常害怕读者看了我的书,好

图 8 - 6　雷击事故

奇心膨胀，真的去做雷电实验。如果没有专业训练，请对电保持敬畏之
心（有专业训练，也得小心谨慎。请谨慎再谨慎，持证上岗）。切记，
切记！

▶ **电池**

1749 年,富兰克林曾经把一串莱顿瓶组合起来存储更多的电荷,产生更大的威力。并且富兰克林把这些组合起来的瓶子叫作 battery。battery 原本是军事术语,表示一堆武器组合起来共同工作的意思[21]。中文里我们把 electric battery 翻译为电池。跟电"容"(electric capacitor)相比,池子显然更大些。

从 1745—1780 年,人们想尽办法来存储电荷以便可以长时间使用[22]。

那么有没有什么办法,可以不要专门在格里克起电机上手摇脚踩而又"源源不断"地获得电呢?

1780 年的一天,意大利的一位解剖学教授伽伐尼(Luigi Galvani,1737—1798,见图 8 - 7)在解剖青蛙时,当他的助手的解剖刀尖碰向青蛙的股环神经时,死青蛙突然抽搐,如同活了过来。解剖台的旁边有一台静电起电机,所以他的另一个助手说,看见了火花,应该是静电起电机的电由于某种缘故传过来了。

图 8 - 7　伽伐尼

为了验证这个假设,伽伐尼把青蛙用铜钩子挂在自家院子的铁栅栏上,等待着雷电降临,以便验证是否青蛙会在雷电中抽搐。青蛙确实抽搐了,不过,有时大晴天,青蛙也会抽搐。伽伐尼进一步猜想,这是空气也有带电状态,所以他在晴天时,也等待着青蛙抽搐。

等了好几天,啥反应也没有。

百无聊赖,伽伐尼无意识地用铜钩把青蛙在铁栅栏上按压。青蛙居然抽搐了! 因此,伽伐尼断定,这是青蛙的神经内含有电流体,而铜钩、铁栏都是导体,在紧碰时构成短路,产生放电。放电过程使青蛙抽搐。后来他又把青蛙放到一个银盆里,用一只手持手术刀接触青蛙的股环神经,用另一只手接触银盆,他自己感受到了电击,并且,青蛙也抽搐了[11]。

一切都符合他的预想。

但是,他的朋友,伏特(Alessandro Volta,1745—1827,见图 8 - 8)教授却不同意。伏特认为,电荷来自不同的金属之间,而两种金属之间之所以可以出现电荷的传递,是因为中间加入了潮湿的导电体。至于原因呢? 伏特教授的回答是"规律就是规律"。伏特尝试了不同的潮湿物体,但是有的有明显效果,有的没明显效果。

图 8 - 8　伏特

这个争论持续了十几年,最后以伽伐尼的死为终了。1797 年,法国大革命席卷意大利北部。伽伐尼拒绝效忠,被从教授位置上赶下来,穷困潦倒,心情抑郁,因心脏病发,死于 1798 年。

1800 年,即伽伐尼死后两年,伏特按铜片—锌片—浸有硫酸的湿纸垫—铜片—锌片—浸有硫酸的湿纸垫……的顺序叠成一个堆,当他把手指碰触堆的两端时,感到了明显的电击;电流源源不断地输了出来……[24]

伏特堆是真正的电池!

一个可以稳定产生电流,又可以便携移动的起电机,使得一系列技术成为可能。伏特堆的发明,大大加快了电的研究和实践进程。

电　生　磁

▶ 令人意外的磁针偏转

里特(Johann Wilhelm Ritter,1776—1810)是电化学的重要推进者之一。在伏特发明电池后不久,就有人利用类似的结构,观察到水在电的作用下产生气体的过程。而这个现象,里特也独立观察到了。这些过程使人们明白,电池提供电流,是电池内发生了化学反应的缘故[23]。

里特有个坚定的信念:电能生磁。

如果说,磁和电彼此有关系,这个论点就不算新鲜。在笛卡儿(René Descartes,1596—1650)的世界里,万事万物都依靠以太形成的涡旋而产生力的作用。但是,笛卡儿的处理方式,是把所有的力全算在一起,不管是重力、磁力、电力、化学反应……通通都是以太涡旋运动造成的[24]。

里特的观点则又不同。深受黑格尔(Georg Wilhelm Friedrich Hegel,1770—1831)的哲学的影响,里特则是认为世界是二元对立统一而存在的。这很像老子的古老哲学,万物都讲阴阳[25]。

想法奇特的里特,根据磁与电是对立统一关系的思想,就开始用磁去分解水。他甚至宣布,他已经使用一组磁铁,把水电解了,虽然,他的实验从来也没有被人成功验证过[24]。

而他的想法,深深影响了他的老朋友奥斯特(Hans Christian Ørsted,1777—1851,见图 8-9)。

图 8-9　奥斯特

奥斯特当年是年轻有为的丹麦科学家,大学三年级,就因一系列关于美学和物理的文章获得了荣誉。1801—1803 年,他遍访欧陆名家,并在柏林见到了里特,对里特的思想颇为倾倒[26]。

磁与电有联系,很早就有人注意到。比如雷电能够使磁针的磁极调转的现象,富兰克林就研究过,并且也成功用莱顿瓶放电来使铁钉磁化。不过,富兰克林最后认为,是电流使磁针受热的结果;磁和电之间,没什么直接联系。

所以,奥斯特和里特的想法,并非没有实验间接的支撑。

因此,从 1803 年开始,奥斯特开始了一系列电与磁的关系的研究,到1812 年,他明确意识到,电流和磁有关,不过实验上一直没有预期的结果。

1820 年,他 43 岁那一年,在一次演讲后,他开始表演一个即兴的实验。

这个实验,本来是观察液体中铁离子磁化过程是如何受液体中的电化学过程的影响的。在一个盒子里,装有一个小磁针。这个盒子放在液体边上,以便观察铁离子被磁化后的效应。他遵循富兰克林的想法,认为铁受热而磁化;因此,他用了一块铂金来短路,以便有大电流获得更强的磁化效果。不过,由于事故,这个实验开始并没有准备好,他只好在演讲后试一试,即兴一下。对于听众来说,他实验出事故也不算新鲜事,而且他总是需要一个听众或者助手来帮忙实验,所以即兴一下也很正常[11]。

盒子开始是平行于铁离子运动方向的,结果磁针没有反应,也许是磁化效应太弱。因此,他把磁针盒调到跟运动方向垂直的情况,结果磁针突然出现了大的偏转!据说,他当时一脸困惑,看着磁针。然后,他又说:"我们调换一下电极方向试试。"磁针又朝反方向发生了偏转!他当场跌坐下来。

很多年后他为自己的失态作了长篇的解释,说他只是对磁针偏转的位置迷惑不解。而实验后的几个月,他加紧研究,并在 1820 年 7 月发表了论文。在论文中,他指出,通电导线产生的磁力是绕着导线转圈的[26]。

1820 年的 9 月初,阿拉果游历归来,在法国科学院报告了奥斯特的发现。

一场电流磁场的测定的竞赛,就此展开。10 月末,比奥和他的助手萨伐尔(Félix Savart,1791—1841)得到了测定结果;安培(André-Marie Ampère,1775—1836)也得到了结果,并且在 3 年后发表了他的电磁理论[11]。

比奥和安培的工作,从表面上看,只是形式不同,没什么实质差异。但是细究起来,安培的结果则要深刻得多。

为了阐述他们的工作,我这里选一个对照,即库仑关于静电相互作用的实验。

▶ 库仑的静电测量实验

库仑(Charles-Augustin de Coulomb,1736—1806)是在 1785 年发表他的实验的。在库仑之前,已经有类似的工作展开,只是没有库仑做得完整精确[27]。

我们现在知道的库仑定律为

$$F = \frac{q_1 q_2}{4\pi\varepsilon_0 r^2}$$

式中，F 是库仑力，点电荷相互排斥时为正，反之为负；q_1，q_2 为两个点电荷带的电量，取正值为正电荷，取负值为负电荷；ε_0 为真空中的介电常数（因为实验是在空气中做的，近似真空的情况），r 为两个点电荷的距离。

库仑工作的巧妙之处有两个：一个是关于电量关系的描述；另一个是如何测量微小的力的变化。

在库仑的年代，电量本身仍然有双流体（即存在正电的流体和负电的流体）和单流体理论的争执，而且库仑本人还是双流体理论的信奉者[11]——这在金属导体里，是错误的理论。什么是电都没有弄清楚，别说是电量了。

那么库仑定律中电荷量的乘积怎么来的呢？是仿照牛顿万有引力公式中质量的关系而来的。这件事在科学史上是件奇怪的事。但是，在库仑提出理论的时候以及后来相当长的时间，没有任何人提出异议。至于原因，我们现在也不太清楚。

库仑实验的第二个巧妙之处，是扭秤的巧妙使用。

扭秤的主要结构如图 8-10 所示。它依靠了一根丝线，顶上面装有可扭转的转盘以设定待测物体的初始位置，下面挂有待测的物体。根据物体旋转的角度，在校定后，可以测量出作用在物体上的力。为了防止丝线偏离

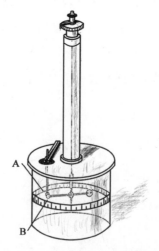

图 8-10　库仑的第一个实验[30]

中心,带电小球 B 黏在一根细杆的一端,另一端则有一个保持平衡的配重,由硬纸片构成(硬纸片还有通过空气阻力减少摆动时间的作用)。这样,小球 *B* 在稳定下来后,总是使丝线保持沿重力下垂了。

在第一个实验中,库仑让镀有金属表面的小木髓球 A 带电,然后,让同样形状有金属表面的小木髓球与之接触,即有了相同的且等量的电荷。库仑实验的结构,使得运动的木髓球只能沿丝线的中心旋转,所以,就非常容易精确测定两个小球的距离。工作开始的时候,B 会来回摆动,而后静止,这时玻璃桶上的刻度圈的读数减去顶上刻度盘的读数,就是小球 B 的扭转角度,其结果在丝线扭转不大时,正比于小球 B 受到的力。

在同一次实验中,当两球充电后,多次调整顶上的圆盘设定小球 B 的初始位置,然后在玻璃圆桶的刻度圈上读数,就可以总结出两球在不同距离情况下的作用力大小的变化规律。

如果是让两个小球带电相异,则可以两次充电来实现。但是,由于两个球相互吸引,在 B 摆动时会和 A 相撞,彼此电荷抵消,实验就做不成了。所以,库仑重新设计了实验,如图 8-11 所示,让一个大的带电 C 球偏离一块锡箔或者铜箔的带异种电荷的 D 圆盘的摆动圆周而摆放,且相对距离更远

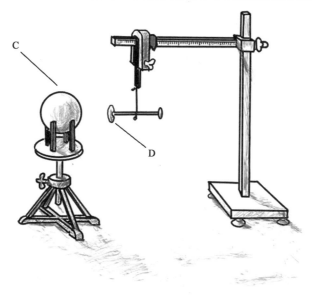

图 8-11 库仑的第二个实验[30]

些;这时,库仑则是依靠盘D的摆动频率来估计静电力。这一摆动,类似单摆的摆动,在其他的条件不变时,摆动周期主要取决于静电力的大小变化。此过程力学分析较复杂,有兴趣的读者可以自己查证思考。

至于库仑定律中的介电常数,则是后来法拉第等人的工作,我们不详谈。

▶ 比奥萨伐尔的实验

如图8-12所示,比奥和萨伐尔先选用了一根足够长的导线,CMZ,通上电。然后让悬挂位置可调的磁针AB转动,以便测出电所产生的力[28]。

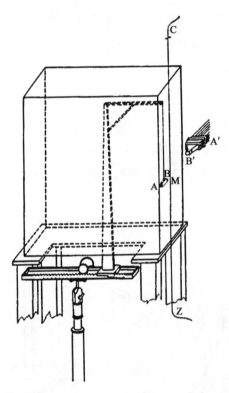

图 8-12　比奥和萨伐尔的实验[30]

导线足够长,按照微积分的思想,离磁针足够远的地方对磁针的作用非常微弱,那么就可以认为CMZ等效于一根无限长导线并作用于AB了。

磁针 AB 是用丝线吊起来的。并且,最后由于导线产生的力量很小,所以磁力的大小,并不是通过磁针偏转角直接测量的,而是通过测磁针摆动的频率,然后推算出来的。

比奥和萨伐尔的实验,处处都可见对库仑实验的借鉴。

为了测每一小段导线产生的磁场,比奥和萨伐尔是通过改变导线放置的方式和折叠形状而进行的。有兴趣的读者可以参考文献[30]。

比奥和萨伐尔总结的定律如下(国际单位制):

$$\mathrm{d}\boldsymbol{B} = \frac{\mu_0}{4\pi} i \frac{\mathrm{d}\boldsymbol{\ell} \times \hat{\boldsymbol{r}}}{r^2}$$

式中,$i\mathrm{d}\boldsymbol{\ell}$ 是指长度为 $\mathrm{d}\boldsymbol{\ell}$ 的一小段导线,其中通过电流的大小为 i;$i\mathrm{d}\boldsymbol{\ell}$ 中黑体代表这个量是矢量,其方向为电流 i 的流动方向;r 为这一小段导线到测定磁场的小磁针中心的距离,$\hat{\boldsymbol{r}}$ 代表 r 的方向矢量,其模的大小为 1,方向为从导线指向磁针位置;$\mathrm{d}\boldsymbol{B}$ 是这一小段导线产生的磁场的强度;而 μ_0 为真空的磁导率(对应实验是在空气中做的),此参数后来由高斯测定的。

对于没有微积分基础的读者,记住上面公式中"d"表示为"一小段","一小点",就可以大致理解公式了。

▶ 安培的测定

安培的实验,和比奥的实验很相似。但是,安培没有用比奥和萨伐尔的方法精确测定磁场,而是去测定两根有电流的导线或者环路之间的相互的力的作用。这个时候,只需要用丝线挂住导线或者环路即可,不再需要精确的扭秤[29]。

安培定律如下:

$$\boldsymbol{F}_{12} = \frac{\mu_0}{4\pi} \iint_{L_1 L_2} \frac{i_1 \mathrm{d}\boldsymbol{\ell}_1 \times (i_2 \mathrm{d}\boldsymbol{\ell}_2 \times \hat{\boldsymbol{r}}_{12})}{r^2}$$

式中,$\boldsymbol{F}_{12}$ 表示两段导线之间的力,$\int_{L_1}$、$\int_{L_2}$ 表示分别对变元 $\mathrm{d}\boldsymbol{\ell}_1$,$\mathrm{d}\boldsymbol{\ell}_2$ 按照导

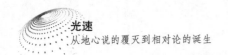
线 L_1, L_2 的路径做积分(即把每条导线分成很多很多小段,这些小段都做积分号内的运算,然后把这些结果加起来)。

由于在安培的实验中,电流被独立于磁场强度而讨论,使得电流的大小本身可以通过导线间的相互作用来定义,并且又可以结合比奥-萨伐尔定律来测定表征相对应的磁场强度,这使得电流和磁场的精确定量定标成为可能;并且,为了增强环路间的力的效果,他还采用了平面线圈来增加导线间的相互作用。

1821 年,最早的电流表被发明出来。其中,制作者们也使用了平面线圈来提高表对电流大小的敏感程度;用磁针偏转的角度来显示电流的大小[30]。1826 年,欧姆(Georg Ohm, 1789—1854)提出欧姆定律,给出了电流、电压和电阻的相互关系,并且只要串接的电阻足够大,本来测量电流的表就变成了电压表[31]。

这些工作,都是以安培定律和比奥-萨伐尔定律为基础的。

磁　生　电

以制作电池、研究电解而闻名的英国王家学会会员戴维(Humphry Davy, 1778—1829)在 1812 年收到了一封信。这封信是一个 21 岁的图书装订工写的,表达了他希望从事科学实验的强烈愿望。随信一起寄来的,还有这个年轻人做的关于戴维的公开演讲的笔记。戴维约见了这个年轻人,得知他自学了电和化学,而他从事的装订工作,使他成为其装订的科学书籍的第一个读者。他还根据书籍,做了一系列实验。戴维对这个年轻人甚是欣赏,便招其为自己的助手[11]。

这个年轻人,便是法拉第(Michael Faraday, 1791—1867,见图 8-13)。

1829 年,戴维逝世。到戴维逝世为止,法拉第都按照戴维的吩咐而工作。而在戴维死前,法拉第已于 1825 年接任了戴维实验室的主持;所以,在戴维死后,他开始按照自己的想法而工作。

图 8-13　法拉第

▶ 电离与电介质

在戴维死后,通过一系列实验,法拉第修正了戴维关于电解的理论。

在戴维生前,人们已经知道,电池供电是化学变化提供电流的过程。在产生反应的溶液中,插入两个电极,电极再接上外部电路,外部电路就会有电流流过,同时溶液池中则有化学变化产生。电解则是电池供电的逆过程。在溶液中插上电极通电,溶液中的化学物质会发生分解。这就是电解[11]。

关于电解,当时有很多争论。主要有两个相互对立的主张。戴维一派的主张认为,电解主要是因为电极上的静电产生的力而使物质分解,化学反应在两个电极之间的中间位置就停止了;而另一派则认为,电解主要是电流和物质相互作用而引起的,跟电极的位置无关[32]。

如图 8-14 所示,法拉第将两张沾有盐水的分别检测酸和碱的试纸放在一个蜡做成的台上,然后在左右两边离试纸同样距离处放上电极,通过起电机让两个电极分别带上正负电。这个时候,他观察到试纸变了颜色,说明盐发生了分解,产生了相应的酸和碱。

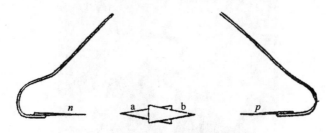

图 8-14　法拉第的电离理论关键实验[33]

由于试纸远离电极,且在电极中间,这说明,电解主要是由穿过空气到试纸上溶液的电流引起的;另一方面,变色的位置,是在纸尖 a(碱)和 b(酸)上,这说明,电极引导的电场仍然起了作用,使得酸和碱的分解物分别向两个不同的方向移动[32]。

所以,他结合两派的理论,提出了电离的概念。在溶液中,盐以带负电的阴离子和带正电的阳离子形式存在。没有外加的静电时,阴离子和阳离子彼此吸引,依然结合在一起。外加静电后,电流随着静电的方向形成,而电流内电荷的静电力量,破坏阴离子和阳离子相互吸引的力量,分解随之发生[11]。

法拉第的这一思想,也贯穿于他对于电容中电介质的看法中。

电容的结构是两片金属导体中间夹上绝缘介质。这个加在两片金属间的绝缘介质,就是电介质。电介质既可以是液体,也可以是固体。比如改进后的莱顿瓶,电介质就是玻璃。两片导体上携带的电荷产生的电的力量,将会拉动介质中的分子。如果介质中的分子被拉成两个部分,就产生了电离;两个部分分别是阴离子和阳离子。如果拉不开,分子的正负电荷中心,只会彼此拉大距离;电的力量越大,拉的距离越大;分子被拉开而不分离,被称作分子的极化[11]。

所以,分子到底是电离还是极化,只是取决于分子是否被拉开成两个部分。那个时候,人们并不清楚分子的结构,法拉第的思想,推进了人们对分子的认识。而且,法拉第关于介质极化的模型,也是麦克斯韦推导方程的基础。

静电对远处物体内的电荷具有吸引和排斥的力量,这在当时叫作静电感应。

既然电可以相互感应,而电流又能生磁,磁也有相互感应,那么电流是否可以通过感应而生出电流来呢? 沿着这个思路,法拉第做出了他一生中最重要的发现——动磁生电。

▶ 感应电流

1824 年,阿拉果把一个很小的指南针放到一个铜盘上。他动了一下指南针,发现指南针抖了两下就不抖了。但是,当他把指南针放在铜盘外面,同样动一下指南针,发现指南针动个不停,好久才停下[7]。这难道有什么机巧吗?

接下来,有好多科学家都想寻求这一现象的解释,无一不以失败而告终。这些失败者中,也包括法拉第。

1831 年,法拉第再次向这一问题发起进攻。他一开始在木棒上绕了很大的两个螺旋线圈,并排放着,一个通电,另一个接上电流表;结果,电流表指针一动不动。因此他改变了绕法,把两个线圈都绕在同一根木棒上,加大绕的圈数,加大电流驱动。这回他观察到,当电源开关闭合的时候,电流表指针出现了轻微的偏转,然后回复为零;拉开的时候,电流表出现了的反向的轻微偏转,又回复到零。他马上意识到,通电线圈的电流的通断,对应的是这个线圈产生的磁力突然变大和变小;只有当磁力出现变化的时候,才能在另一个线圈上感应出电流。因此,他把木棒换成铁圈,磁力变化更剧烈,他得到了更强的效应;通过绕在两根铁棒上的两个线圈做持续的相对运动,让其中一线圈通电,他在另一个线圈上得到了持续的感应电流[33]。

法拉第发现了动磁生电! 这时,阿拉果的实验就非常容易解释了:因为铜盘上有了感应电流。

科学上的重要发现和技术上的重要发明,往往是好几个人努力而几乎同时获得的;但大家公认,电流感应的发现仅归功于法拉第一人。

▶ 力线

是什么思想引导了法拉第的一系列发现呢？是力线。

所谓力线，就是指从磁体或者带电体上发出来的表征其力的作用的线。在磁铁上力线最容易体现出来：将铁屑撒在白纸上，上面放上磁铁，轻轻震动放白纸的台面，铁屑就会排列成一条条的线。这些线，就是磁力线（见图8-15）。

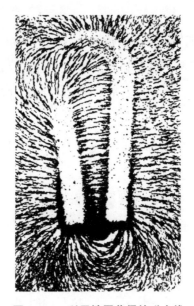

图8-15　利用铁屑获得的磁力线

用铁屑来显示磁力的分布状况，并不是法拉第的首创，而是比法拉第早100多年的拉海尔（La Hire，1640—1718）。力线的思想也早已有之。但是，把力线的思想和力线的表示结合起来的，法拉第是第一人[11]。

我们并不清楚法拉第关于力线的想法是如何发展出来的，并最后发展出"场"的思想。通过其晚年的描述，我们知道了法拉第的整体考虑。

不管电、磁还是引力，一个物体对另一个物体起作用，都是通过力场。而场的一种表达方式，就是力线。一个地方力的强弱，是通过这个地方的力线的密度来体现的；其具体分布，也通过力线具体表现出来（见图8-16）[34]。

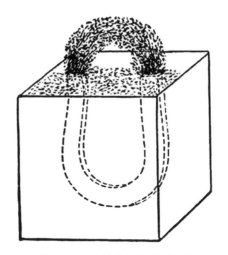

图 8-16 法拉第假想的磁力线

我们可以推测,没有力线的思想,法拉第无法很快总结出动磁生电的规律。比法拉第更早,远在大洋彼岸的美国科学家亨利(Joseph Henry,1797—1878)于 1830 年或者更早就做过跟法拉第类似的实验。并且,其在 1830 年,使用电磁铁制造了最早的继电器发报机;其在耶鲁大学领导制作的电磁铁,在 1831 年吸起了 2 065 磅的重物。但是,亨利没有总结出相应规律。亨利自己也把动磁生电的发现归于法拉第[7]。

力线和场的思想,也深刻地影响了物理学的发展。麦克斯韦提出他的电磁学方程的最早一篇文章就叫《论物理力线》(*On Physical Lines of Force*)[35]。

19 世纪,是电磁学大发展的世纪。哲学、科学理论和实验、工程实践相互结合,相互促进,使得我们有了电报、电话、电磁铁、发电机与电动机、电灯等一系列新东西。正是在这样一个蓬勃的时代里,麦克斯韦的理论才能够诞生并被实验证实。

参考文献

[1] James King W. The natural philosophy of William Gilbert and his predecessors. the Project Gutenberg Ebook,2010.

[2] 曹则贤. 什么是电. 物理,2009,38(4).

［3］ Timeline of electromagnetism and classical optics. https://en. wikipedia. org/wiki/Timeline_of_electromagnetism_and_classical_optics.

［4］ Otto von Guericke. https://en. wikipedia. org/wiki/Otto_von_Guericke.

［5］ Electrostatic generator. https://en. wikipedia. org/wiki/Electrostatic_generator.

［6］ Francis Hauksbee. https://en. wikipedia. org/wiki/Francis_Hauksbee.

［7］ Herbert W Meyer. A history of electricity and magnetism. U. S. A: The Colonial Press Inc. 1972.

［8］ Stephen Gray. https://en. wikipedia. org/wiki/Stephen_Gray_(scientist).

［9］ Charles François de Cisternay du Fay. https://en. wikipedia. org/wiki/Charles_Fran%C3%A7ois_de_Cisternay_du_Fay.

［10］ Jean-Antoine Nollet. https://en. wikipedia. org/wiki/Jean-Antoine_Nollet.

［11］ Whittaker E T. A history of theories of aether and electricity. London: Thomas Nelson and Sons Ltd. 1951.

［12］ William B Ashworth. Scientist of the day — Johann Winkler. 2021 - 03 - 12. https://www. lindahall. org/about/news/scientist-of-the-day/johann-winkler.

［13］ Ewald Georg von Kleist. https://en. wikipedia. org/wiki/Ewald_Georg_von_Kleist.

［14］ Leyden jar. https://en. wikipedia. org/wiki/Leyden_jar.

［15］ Pieter_van_Musschenbroek. https://en. wikipedia. org/wiki/Pieter_van_Musschenbroek.

［16］ Krider E P. Benjamin Franklin and lightning rods. Physics Today, 2006(1): 42 - 48.

［17］ Thomas-François Dalibard. https://en. wikipedia. org/wiki/Thomas-Fran%C3%A7ois_Dalibard.

［18］ Benjamin Franklin. Phil. Trans. 1751 - 1752, 47: 565 - 567.

［19］ Louis P Masur. Autobiography of Benjamin Franklin and related documents. 3rd Edition. Boston&NewYork: Bedford/St. Martin's, 2016: 148.

［20］ Georg Wilhelm Richmann. https://en. wikipedia. org/wiki/Georg_Wilhelm_Richmann.

［21］ "Electrical battery" of Leyden jars — The Benjamin Franklin tercentenary (benfranklin300. org). http://www. benfranklin300. org/frankliniana/result. php?id=72&sec=0.

[22] Electrostatic_generator. https://en. wikipedia. org/wiki/Electrostatic_generator.

[23] Johann Wilhelm Ritter. https://en. wikipedia. org/wiki/Johann_Wilhelm_Ritter.

[24] William Wallace. René Descartes in: Collected works of René Descartes. UK: Delphi Publishing Ltd. 2017.

[25] Martins, Roberto de Andrade. Resistance to the discovery of electromagnetism: Ørsted and the symmetry of the magnetic field in: Fabio Bevilacqua & Enrico Giannetto (eds.). Volta and the history of electricity. Pavia / Milano, Università degli Studi di Pavia / Editore Ulrico Hoepli, 2003: 245 - 265.

[26] Hans Christian Ørsted. https://en. wikipedia. org/wiki/Hans_Christian_%C3% 98rsted.

[27] Peter Heering. On Coulomb's square law. Am. J. Phys. 1992, 60 (11): 988 - 994.

[28] Herman Erlichson. The experiments of Biot and Savart concerning the force exerted by a current on a magnetic needle. Am. J. Phys. 1998, 66(5): 385 - 391.

[29] Assis, André Koch Torres. Ampere's Electrodynamics: Analysis of the meaning and evolution of Ampere's force between current elements, together with a complete translation of his masterpiece, theory of electrodynamic phenomena, uniquely deduced from experience. Montreal, C. Roy Keys Inc. 1962: 17 - 25.

[30] Galvanometer. https://en. wikipedia. org/wiki/Galvanometer.

[31] Georg Ohm. https://en. wikipedia. org/wiki/Georg_Ohm.

[32] Enerst Rhys. Faraday's Select Researches in Electricity. With an appreciation by Prof. Tynall. London: J. M. Dent&Sons Ltd. 1922.

[33] Robert Maynard Hutchins. Great books of the western world. Chicago: Encyclopaedia Britannica Inc. 1952: 265 - 271.

[34] Michael Faraday. On the various forces of nature and their relations to each other. Ed. by William Crookes. London: Chatto&Windus, Piccadilly, 1894.

[35] On physical lines of force. https://en. wikipedia. org/wiki/On_Physical_Lines_of_Force.

9 电磁波

本章,我们将聚焦电磁波。讲述电磁波理论诞生的一段历史。

在很多人看来,麦克斯韦方程,才是相对论提出的真正缘由。这当然不是事实,但是,必须承认,电磁场与电磁波,对相对论的诞生非常重要,与光速的主题也紧密相连,因为麦克斯韦正是从电磁波的速度推断,光是一种电磁波。

本章将介绍实验和理论两方面的情况。不过,我们先要进入本书最艰难的一节,来谈一下微分方程和场论。

我的一个朋友听说我要在书中讲这些内容,就非常诚恳地对我说:"放过中学生吧!"

我决定,不放过。

几个原因:

第一,如果没有场论的数学知识,是没有办法建立光的基本形象和概念的。有无数反对相对论的朋友,一开口,就把光比喻为子弹,然后就想象飞机打出光,光就像子弹一样朝前飞,然后就问子弹的速度难道不是飞机的速度加子弹相对飞机的速度吗?当然,子弹高速飞的情况下,也会有相对论效应。但是,首先把光想象成子弹,概念上就错了。而场本身的形象太复杂,仅靠比喻和描述,得不到清晰的图像;这时候只有数学可以帮上忙。

第二,就算是在大学学习了微积分,在场论部分,大多数的老师讲得也很简略抽象,大多数同学如果不是相关专业的学生,不再次学习,也不能理解,过了也就忘了。

第三,相对论对非常多的人来说,只是一种知识修养,是一件茶余饭后的事情;而场论的知识却和现代科技紧密相连,不管是图形图像的处理识别,还是无人飞机的姿态控制,又或者是材料的加工、水流的分析,都逃不过场论。所以,学习场论,有着非常实际的好处。

不过,我不准备按照教材的方式来讲解,而是按照一个工程师的方式来介绍,或者说,按照牛顿爵爷的方式来介绍。讲究的,是概念的形象易懂,放弃的,是数学的严格性。这样的方式,只是帮助你理解,但如果你要用这些思想来处理问题,还是得去翻数学书。

方 程 与 场

▶ 流数与极限

要讲微积分,当然首先要讲极限。

碰到数学家,一定会开篇就说:"一尺之棰,日取其半,万世不竭。"或者开始就是兔子追乌龟,讲数列收敛。听一次,你会兴奋,听多了自然就是催眠曲。

我真正理解微积分的原本含义,是在读研究生以后,听完了数值分析的课,才豁然开朗。

所谓无穷小,对于物理学家和工程师来说,并不是我们理解的重点,而重点应该是牛顿所谓的流数[1]。所谓流数,重点不在定义无穷小,而在于定义和计算无穷小和无穷小之间的比例关系。而这个计算的结果,就是流数了,也就是我们现在称为导数的东西。

比如我们所知道的速度的定义:在一个很短的时间,物体移动了很短的距离,这距离和时间的比值,就是速度。我们当然会问,如果我们在这极短的时间内,速度如果是变化的,那么我们该如何算速度呢?我们让这个时间变化 Δt 变得无穷短,那么物体移动的距离 Δx 就为无穷小,这个时候我们就定义了某个点的速度:

$$v = \lim_{\Delta t \to 0} \frac{\Delta x}{\Delta t} = \frac{\mathrm{d}x}{\mathrm{d}t} \qquad (9-1)$$

$\mathrm{d}x,\mathrm{d}t$ 的含义就是 Δx、Δt 趋于无限小的意思。但是这个趋于无限小的过程中，x 和 t 还是要保持其原有的函变关系。这里速度 v 是 x 对 t 的一阶导数。

再定义某个点的加速度：

$$a = \lim_{\Delta t \to 0} \frac{\Delta v}{\Delta t} = \frac{\mathrm{d}v}{\mathrm{d}t} = \frac{\mathrm{d}^2 x}{\mathrm{d}t^2} \qquad (9-2)$$

加速度 a 是 v 对 t 的一阶导数，是 x 对 t 的二阶导数。至于 2 阶导数为什么写成这种形式，等会儿看完下面的数值计算分析，你就明白了。

当然，我这样讲极限和导数，会碰上麻烦。

比如图 9-1 中，在时刻 0，小球以无限快的速度从一个位置 $x=0\ \mathrm{m}$ 移动到了另一个位置 $x=20\ \mathrm{m}$，我们来画小球位移对时间的函数 $x(t)$ 的时候，会画出一个在 0 时刻突然变化的坎，我们形象地称为"阶跃"。这个时候数学家会生出问题：在 0 时刻，速度到底是多少呢？甚至会生出更麻烦的疑惑：时刻 0 的位移值 $x(0)$，到底是多少？

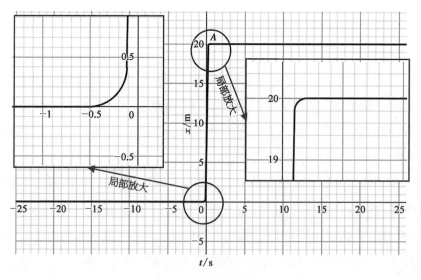

图 9-1　极限的含义

其实,我们大多数情况下觉得数学家们讲授的微积分比较啰唆,都是因为数学家要严格地讨论这类问题。

但是,物理学家和工程师往往是直观地思考问题的。在实际的工程问题中,我们会将表示测量参量的轴分细,再来测量相关过程。比如,在某次实验观察中,我们开始是以 1 s 为时间间隔来测量位移的,但是为了观察细部,我们再使用 0.1 s 为时间间隔来测量,这时候,如图 9-1 中"局部放大"所示,我们发现,阶跃的地方并不陡直,而是开始有个启动过程,然后小球以比较快的速度运动,最后在到达 A 位前减速了。换言之,在实际问题中,我们并不会真正碰上阶跃,阶跃不过是真实过程的一个粗糙的描述而已。

知道了这类描述的好处,就有助于我们思考与实验和实践有关的问题。在工程师那里,所有的数学描述,都是实际世界的一个近似而已,我们绝对不会对定律、定理和方程敬若神明。而对流数的直观理解,当然也有助于我们理解场论里面的一些基本概念的定义,比如梯度、散度和旋度。

当然,知道这类描述的局限,也有利于我们谨慎从事,而不至于从来不关心泛函和普通函数的差别、离散和连续之间的差异、积分次序或者求和次序互换带来的障碍(对于"阶跃"有兴趣的读者,建议阅读郑君里的《信号与系统》开篇部分关于奇异函数的解释。对于没有微积分基础的读者,先放过"泛函"等术语,这个跟后面的内容没什么关系)。

▶ 微分方程

总结起来,所谓"无穷"小,就是"比较"小而已。而用"比较"小建立的方程,我们很容易明白这个方程该怎么解,解出来的结果是什么意思。

比如,图 9-2 中,上下两个球完全一样,用的弹簧也完全相同,唯一不同的是开始的时候,我们的手将球推到了不同的位置。因此,我们可以认为上下两个弹簧和球构成的系统的运动规律完全一样。为了表达这个规律,我们运用牛顿第二定律和胡克定律,忽略摩擦力,可以建立如下方程:

$$F_e = -kx = Ma = M\frac{\mathrm{d}^2 x}{\mathrm{d}t^2} \tag{9-3}$$

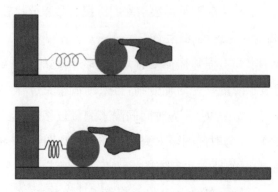

图 9 – 2　在不同初始条件下, 小球的振动

式中, F_e 为弹簧产生的力, k 为弹簧的弹性系数, x 为小球偏离平衡位置的位移(x 也可以看成是以平衡位置为零点, 弹簧伸长方向为正方向的坐标度量下, 小球在每个时刻的位置), M 为小球的质量, 而 a 为小球的加速度。

方程的最右一项, 表示 a 是位移 x 对时间 t 的 2 阶导, 即 $\dfrac{\mathrm{d}^2 x}{\mathrm{d} t^2}$。

　　从数值计算的立场出发, 抛开数学上种种严格的规定, 我们准备将以上方程写成差分方程的形式。也就是说我们取的时间间隔 $\mathrm{d}t$ 并不是无穷小, 而是一个比较小的量, 比如 $1\,\mu\mathrm{s}$。为了表示上不混淆, 我们将 $\mathrm{d}t$ 写为 Δt, 相应的 x 的变化量写为 Δx。而时间不再表达为连续的量, 而是写成如下形式:

$$t_i = i\Delta t \quad (i = 0,\ 1,\ 2,\ \cdots) \tag{9-4}$$

　　那么在 t_i 到 $t_i + \Delta t$ 这段时间内, 小球从位置 x_i 运动到了位置 x_{i+1}, 即位移变化量 $\Delta x_i = x_{i+1} - x_i$ (这叫前向差分格式, 后向差分格式则是 $\Delta x_i = x_i - x_{i-1}$), 则 $\dfrac{\mathrm{d}x}{\mathrm{d}t}$ 就被 $\dfrac{\Delta x}{\Delta t}$ 代替, 有

$$\frac{\mathrm{d}x}{\mathrm{d}t} \approx \frac{\Delta x_i}{\Delta t} = \frac{x_{i+1} - x_i}{\Delta t} \tag{9-5}$$

　　运用同样的推理办法, 很容易得到如下的结果:

$$\frac{\mathrm{d}^2 x}{\mathrm{d}t^2} \approx \frac{x_{i+2} - 2x_{i+1} + x_i}{\Delta t^2} \tag{9-6}$$

这里,我们看到 $d^2 x$ 确实不能写成 dx^2。

式(9-4)和式(9-5)表达的方程,写成了带"Δ"的形式,叫方程的差分形式。

根据式(9-3)[式(9-3)中的 x 用 x_i 代替]和式(9-5),有如下递推公式:

$$x_{i+2} = 2x_{i+1} - (k\Delta t^2/M + 1)x_i \tag{9-7}$$

显然,如果在初始的时刻 t_0,我们知道了 x_0 和 x_1 的值,就可以递推出后面所有的 x_i 值了。

这样我们非常直观地明白了,为什么一个含对时间求导的项的微分方程要有起始条件,而且需要的起始条件跟微分方程的方程阶次有关——因为形如式(9-7)的递推公式需要起始的值才能递推。而我们也可以看到,方程的起始条件充分,方程才能有确定的解。我们还可以看到,起始条件不同,推出的解也不同,比如图9-2中,下图的球振荡的幅度就大些。

顺便我们再来看看积分。

▶ **积分**

变一下形式写式(9-3):

$$-kx = M\frac{dv}{dt} \tag{9-8}$$

式中,v 是小球的速度。将式(9-8)写成差分:

$$-kx_i = M\frac{v_{i+1} - v_i}{\Delta t} \tag{9-9}$$

有

$$v_{i+1} = \sum_{n=0}^{i} \left(-\frac{k}{M}x_n\Delta t\right) + v_0 \quad (i=1, 2, 3, \cdots) \tag{9-10}$$

现在我们把求和形式的式(9-10)再写成积分形式:

$$v(t) = \int_0^t \left(-\frac{k}{M}x\,dt\right) + v_0 \tag{9-11}$$

很容易注意到,式(9-10)的求和号变成了式(9-11)的积分号,求和的上下限,变成了积分的上下限。由于 Δt 变成了 $\mathrm{d}t$,所以时间 t 变成了连续的量,积分的上限直接写成 t 以代替 t_i;相应的,$v(t)$ 代替了 v_{i+1}。

进一步,容易推知,式(9-10)还可以变成:

$$x = \int_0^t \left(\int_0^t -\frac{k}{M}x\,\mathrm{d}t \right) \mathrm{d}t + tv_0 + x_0 \qquad (9-12)$$

式(9-12)是关于 x 的积分方程,而式(9-3)是关于 x 的微分方程。有多个积分号的积分叫多重积分。

小结一下:导数就是两个比较小的量的比值的一种极限情况;积分就是针对非常多的小量求和的一种极限情况。使用差分形式,微分和积分方程转换得到的差分方程和普通的代数方程基本是一回事。我这个描述非常不严格,数学家会火冒三丈,但是对你直观理解微积分非常有帮助。

▶ 势与梯度

用等高线[2]表示山岭丘地的高度变化,是常用的地形表示方法(见图9-3)。

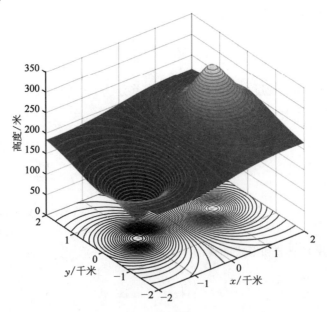

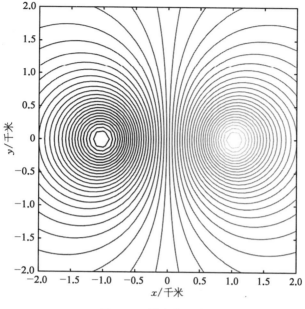

图 9-3 等高线示意

在二维平面上我们可以画出某处地形的等高线,这些等高线所表示的地形高度变化,当然可以表达为以一个平面直角坐标系 xoy 中的 x 和 y 为自变量的函数 $h(x,y)$,我们简称其为 h。函数 h 在 xoy 平面上连续地分布,我们称之为势[3]。含义非常直观:水总是"避高而趋下",正是有了"势",高处的水才处在了向低处流的势态。

如果,我们站在某条等高线上的某个位置,寻找上升到或者下降到一个高度的最快的办法,我们自然会沿最陡峭的方向前进(见图 9-4)。而这个最陡峭方向和其陡峭程度,我们可以用矢量表示如下:

$$grad(h) = \frac{\Delta h}{\Delta x}\boldsymbol{i} + \frac{\Delta h}{\Delta y}\boldsymbol{j} \tag{9-13}$$

式中,Δh 表示两条邻近的等高线的高度差,而 Δx,Δy 分别表示上升或者下降一个高度差,相对应的 x 和 y 方向上的位置变化量,而 $\boldsymbol{i}$ 和 $\boldsymbol{j}$ 则是代表 x 和 y 坐标的方向矢量(其方向为 x,y 坐标的正方向,而其长度为 1)。

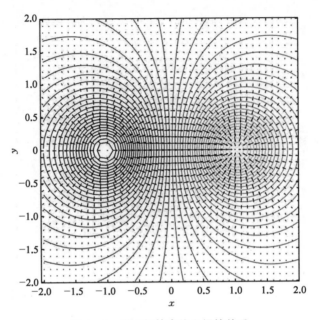

图 9 - 4　梯度与等高线之间的关系

设想一下,如果我们将尺度缩小,Δx 和 Δy 可以近似看为一个平面的时候,这个最陡峭的方向,一定是垂直于等高线的。让 Δx 和 Δy 趋于零,则式(9 - 13)变为

$$grad(h) = \lim_{\Delta x \to 0} \frac{\Delta h}{\Delta x}\boldsymbol{i} + \lim_{\Delta y \to 0} \frac{\Delta h}{\Delta y}\boldsymbol{j} = \frac{\partial h}{\partial x}\boldsymbol{i} + \frac{\partial h}{\partial y}\boldsymbol{j} \qquad (9 - 14)$$

这样的计算,谓之求取"梯度"。其中 $\frac{\partial h}{\partial x}$ 和 $\frac{\partial h}{\partial y}$ 谓之"求偏导",表示一个多维的函数仅仅对某个自变量求导,其他自变量此时不发生变化。比如,$\frac{\partial}{\partial x}$ 这里意味着 x 变,而 y 不变;$\frac{\partial}{\partial y}$ 意味着 y 变,而 x 不变[4]。

$grad$ 是表示一种求矢量的运算,在数学上我们可以记作一种算符或者算子(哪些函数习惯上被记作算符的形式,有什么好处,我们先不用关心)。所以 $grad(h)$ 一般写为 $\mathrm{grad}\,h$,或者用另一个算子 ∇ 来描述,即 ∇h(∇ 算子读作 Nabla 或者 Del[5])。

对于三维函数的情况,有

$$\nabla = \frac{\partial}{\partial x}\boldsymbol{i} + \frac{\partial}{\partial y}\boldsymbol{j} + \frac{\partial}{\partial z}\boldsymbol{k} \qquad (9-15)$$

这里,顺便说一下令人疑惑的"场"的概念。

广义而言,"场"是指某个在空间乃至时间上连续分布的物理量。而如果这个场是某种"势",我们可以称之为"势场",有"重力势场","电势场"等说法。如果这个连续分布的物理量是标量,我们称为标量场,比如"重力势场"就是标量场,而很容易理解,重力场就该是矢量场了。

但是,当我们回顾场的概念的历史[6],狭义地讲,我们所谓"场",是指某种"力"的作用在空间的具体分布,它一定是矢量。因此,狭义地讲,只有我们前面谈到的梯度,才能算是场,而"势"则不算。从这个直观的理解出发,我们就容易理解,观水势,而知水的流场,再知水的流动;观电势,而知电场,再知电荷的流动……建立"势"与"场"的直观概念,能让我们更有针对具体物理问题的"形象"感,不至于在使用场论的工具的时候,找不着北。

当然,有的时候,我们观察不到某个"矢量场"的"势",那么我们怎么办?很简单,我们为它建一个。实际上,真的在建"势"的时候,我们会发现,并不是任何矢量场都有标量的"势"。我们会称那些可以建标量的"势"的"矢量场"为"保守场";而有的场可以建"矢量势"(矢量势取旋度而得场,见后面旋度的介绍);有的连续分布的矢量函数,既建不了标量势,也建不了矢量势,我们干脆就说这个函数不是"力场"。具体参看参考文献[7]。

▶ 高斯定理与散度

如果,你是个水管工,请问你如何寻找一段水管是否有漏水点,或者有暗藏的进水点呢?不错,你有一个笨办法:看看这段水管的进水口和出水口的进出水量是否一致。如果一致,谢天谢地,看来这段水管既没多的进水,也没漏水。

高斯就采用了这个笨办法(实际上这个笨办法,斯托克斯和格林也用过[8])来衡量一个封闭区域的入水或者出水情况:

$$\Phi_E = \oiint_S \boldsymbol{E} \cdot \mathrm{d}\boldsymbol{A} \qquad (9-16)$$

式中，Φ_E 为经过空间某个区域的总流量。而 S 则是指封闭此区域整个空间的表面，其上面的每个小面元我们用 dA 表示，采用黑体 $d\boldsymbol{A}$，是表示每个小面元都用矢量表示（一般如果整个区域形状是球、椭球、正方体，长方体等，那么表示这个小面元的矢量的方向朝向这些形状的外部，并且与这个小面元垂直），而 $\boldsymbol{E}$ 则是流体在某个局部，通过与其流动方向垂直的单位面积的流量，所以计算一个面元 $d\boldsymbol{A}$ 的流量，当然就是 $\boldsymbol{E} \cdot d\boldsymbol{A}$（"·"代表矢量的点乘）；将之合起来，在封闭表面 S 上求积分，就可以算出 Φ_E。通过这个总流量的求取，就可以看出这个区域内是否有进水点或者出水点了。积分符号上画圈圈，代表是在一个闭合的表面上求积分，而其下标 S 则代表这个闭合表面。这里，积分依然可以用通过"求和"来理解，即把表面 S 划分成无数的小面元 $d\boldsymbol{A}$，然后再对积分号后面的 $\boldsymbol{E} \cdot d\boldsymbol{A}$ 求和。

如何能察觉每个位置是否有出水点呢？很简单，将这个区域缩小至无穷小，并且看看这个缩小了的区域的流量和区域的体积之比的极限就可以了，这个结果称为场 $\boldsymbol{E}$ 的"散度"[9]。极限求取的方法和求取梯度类似，有兴趣的读者可以自己试一下，其结果为

$$\mathrm{div}\,\boldsymbol{E} = \nabla \cdot \boldsymbol{E} \tag{9-17}$$

这里，我们可以看到用算符 ∇ 的好处，不同的运算，都可以利用 ∇ 和其他算符的组合来表达。

一个区域内所有的点的出水或者入水的总和，当然等于在从整个表面看的入水和出水情况的总和，因此我们得到高斯定律：

$$\oiiint_V \nabla \cdot \boldsymbol{E}\, dV = \Phi_E = \oiint_S \boldsymbol{E} \cdot d\boldsymbol{A} \tag{9-18}$$

式中，V 为此封闭区域的体积，S 为此区域的表面。

所谓一个"场"的"散度"，实际上场中某点是否是"出水点"或者"进水点"，我们谓之"汇"或"源"（见图 $9-5$）[10]。

小结一下：对一个标量"势"求梯度，可以求其"力场"，再对"力场"求其散度，可以获得"汇"与"源"。而"力场"的直观表述来自"力线"[11]，比如磁力线、电力线。

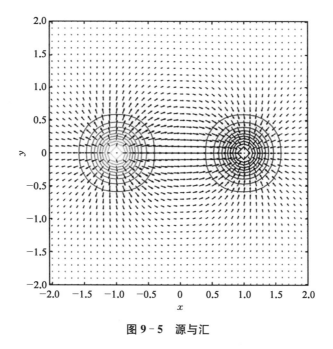

图 9-5 源与汇

如前章所述,力线的提出者,"场"的概念的最早明确者,是法拉第。

▶ **旋度**

让我们回想一下上一章安培和比奥的工作。而在电器和电力行当,我们常用的没有那么复杂的形式,而是使用安培环流定律来讨论动电生磁的过程:

$$\oint_c \boldsymbol{B} \cdot \mathrm{d}\boldsymbol{l} = \mu_0 \iint_S \boldsymbol{J} \cdot \mathrm{d}\boldsymbol{S} = \mu_0 I_{\text{enc}} \qquad (9-19)$$

式中,$\boldsymbol{B}$ 为由电流产生的磁场的磁感应强度,$\boldsymbol{J}$ 为电流密度。我们先考察一个绕电流的环路 C,并且指定一个环路的旋转方向;对覆盖了 C 的面积 S 而言,我们采用右手螺旋法则,由 C 的旋转方向来规定表面 S 的方向,如图 9-6 所示。而 I_{enc} 就是横穿表面的电流。

容易证明,安培环流定律可以写成如下微分的形式(可以将图 9-6 的面积 S 缩为无穷小,按照我们前面定义梯度和散度的办法,给出证明。读者不妨试一试):

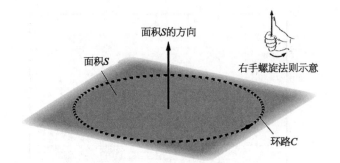

面积S的方向

面积S

右手螺旋法则示意

环路C

图 9 - 6　旋转与面矢量

$$\left(\frac{\partial B_z}{\partial y}-\frac{\partial B_y}{\partial z}\right)\boldsymbol{i}+\left(\frac{\partial B_x}{\partial z}-\frac{\partial B_z}{\partial x}\right)\boldsymbol{j}+\left(\frac{\partial B_y}{\partial x}-\frac{\partial B_x}{\partial y}\right)\boldsymbol{k}=\mu_0\boldsymbol{J}\ (9-20)$$

如果根据图 9 - 6 规定矢量的叉乘,使用 ▽ 算符,我们很容易就有

$$\nabla\times\boldsymbol{B}=\mu_0\boldsymbol{J} \qquad\qquad (9-21)$$

$\nabla\times\boldsymbol{B}$ 谓之求 $\boldsymbol{B}$ 的旋度,旋度算符写为 curl [12],即

$$\mathrm{curl}\,\boldsymbol{B}=\nabla\times\boldsymbol{B} \qquad\qquad (9-22)$$

抛开式(9 - 21)的具体物理意义不谈,参照标量势的定义,我们可以称
$\boldsymbol{B}$ 是 $\boldsymbol{J}$ 的矢量势[13]。形象地理解,是由于 $\boldsymbol{B}$ 这样的旋转磁场的存在,建立
了 $\boldsymbol{J}$ 这样的电流密度矢量场。如果不能肯定 $\boldsymbol{B}$ 是 $\boldsymbol{J}$ 的原因或者结果,至少,
我们可以认为 $\boldsymbol{B}$ 和 $\boldsymbol{J}$ 似乎是同一件事的两个方面。

如果你坚持不懈地看完公式,读到了这个地方,那么恭喜你,说明你至
少有了解物理科学的耐心。

如果你是一名高中生,读起来迷迷糊糊,那再正常不过了。只要你能够
明白个大概,后面的阅读也是可以慢慢理解的。

如果你是学过微积分但不熟悉电磁学的读者,我当然希望你能够有所
感悟。

如果你本身不熟悉微积分和电磁学,还耐心地看完这些公式,并发出
"完全不懂"或者"跟你讲,我早知道,这个东西我很有感觉"的感叹,那么我
建议你暂时停止阅读。因为,这本书的后面内容无法给你带来真正可以理

解的东西,也不可能解决你关于相对论的焦虑。在这世界上,我们不明白的东西多了去了。不理解手机原理也可以用手机;不明白电视原理也可以看电视;不理解光速为啥不变,不理解相对论,完全不影响你的生活。你只要承认"这世上有的东西我就是搞不明白"就可以了。

下面,是我们讲故事的时间。

电磁场的传播速度

▶ 高斯与韦伯

1831 年,德国在革命的动荡中,54 岁的高斯(Carl Friedrich Gauss,1777—1855)健康情况很糟,妻子也病得很重,大儿子由于花钱太多,跟父亲大吵了一架后移居美国。9 月 13 日,高斯的妻子死了。两天后,27 岁的韦伯到达了哥廷根大学[14]。

韦伯是在高斯调查地磁的过程中,于 1828 年的一次会议中认识的。高斯本人不擅长电磁学方面的实验,而韦伯在电磁学方面,不论理论还是实验,都表现不俗。因此,高斯向哥廷根大学推荐,让韦伯来担任物理教授[15]。

仿佛老天又送来了一个儿子,老高斯又满怀激情开始工作[14]。高斯和韦伯(见图 9-7)开始了长达 6 年的紧密合作。

当时,高斯有一个目标,即将所有的电和磁的理论统一到一个量纲标准上来,高斯把这个量纲标准叫作绝对单位。这跟高斯测量大地磁场的工作有关系。因为,在不同地方,选用不同的磁针测量地磁,彼此的结果非常难于相互比较。这个时候,选用统一的标准来度量就非常重要。利用安培的理论,如果能通过电流大小来定标磁场,问题就容易解决些,因为,通过电流表,电流大小的标定相对容易,而且线圈的电流大小也容易调整。高斯通过多次改进相关仪器,利用这套标准,获得了精密的大地磁场分布的数据。

怎么定这个绝对的比较标准呢?相互作用力。因为安培的结果也好,法拉第的结果也好,静电感应的结果也好,都可以通过力的大小来标定。而

图 9-7 高斯与韦伯

按照牛顿第二定律,力的量纲是[质量·长度/时间^2]。所以高斯制定的绝对单位制以厘米、克、秒作为基本量纲,来定出所有物理量的量纲[16]。

韦伯到来后,两个人的主要工作,就是通过静电力和电磁力的各种实验,来定出静电和电磁的统一的单位标准和换算关系[17]。

不过,这个工作突然中断了。1837 年,恩斯特·奥古斯特一世(Ernest Augustus,1771—1851)继承了汉诺威的王位,并反对自由,开启专制,驱逐反对专制的"哥廷根七君子"[18]。韦伯是哥廷根七君子之一,被褫夺了教授职位,不得不逃走[19]。

韦伯逃回了自己的母校莱比锡大学,在那里碰到了一个哲学教授费希纳(Gustav Fechner,1801—1887)。费希纳对电流的看法,是双流体理论的一种自然推论。他认为,正负电按照相反的方向同时且等量地移动,构成电流[17]。

韦伯对这一看法极其赞同,并在其以后的工作中反映出来。这个看法在我们今天看来,明显是有错误的;但是,这一"错误",却极为重要。它直接影响了光是电磁波这一论断的诞生。

▶ 韦伯-科尔劳斯实验

1846 年,在研究静电力和电磁力之间的标定转换关系中,得到了一个比例关系,这个比例关系对应的量纲是速度的平方。韦伯深信,这个比例关系对应的速度是有物理意义的[16]。

1852 年,韦伯定义这个速度为"电流中正负电在彼此间的(由于静电力)吸引和(由于感生的磁力)排斥正好平衡时,正负电间的相对运动速度";并且使用"c"来表示这一速度。这也是后来光速用"c"表示的原因[16]。

1856 年,韦伯和科尔劳斯用莱顿瓶测定在变化电场的情况下电流的变化,他们精确地测定了莱顿瓶所携带的电量,并让这个莱顿瓶向一个线圈放电,测定线圈旁的小磁针的运动,来最后定出参量。

你一定会认为这是个简单的实验。实际上,那个年代,没有示波器,更没有数字示波器,也没有高速摄影,实验中的时间参量却在毫秒量级,这只能通过别的办法间接得到。实验非常困难,也非常巧妙[20]。

实验测定的结果为 $439\,450\times10^6$ mm/s,这并不是光速。韦伯认为,从量级上看,在当时已知的各种速度中,没有一个量如同光速一样和这个量接近。他开始寻找两者之间的联系[16]。

▶ 基尔霍夫的解释

1857 年,基尔霍夫(Gustav Kirchhoff,1824—1887)利用韦伯的理论和实验结果,并加入一些假定,推导出了导线中正弦交流电的传播速度。在考虑了正负电间的静电作用力和电流间的磁感应后,得到了交流电的传播速度正好是 $c/\sqrt{2}$,与当时所知的光速数值非常接近。在基尔霍夫的求解过程

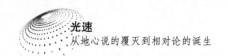

中，$\sqrt{2}$ 正是来源于电流是正负电双向流动的结果[21]。现在来看，这当然是个不正确的模型，却使得他们得到了一个正确的结果。

同年，韦伯也从同样的假定出发，得到了同样的结果。但是，在 1858 年，科尔劳斯去世，韦伯便将稿件搁置。到 1864 年，韦伯才发表相关论文[21]。

［这里，有趣的是符号 c 的使用。最早其含义并不是光速。保罗·德鲁德（Paul Drude，1863—1906）于 1894 年赋予了 c 现代含义。］

电磁波的预言

麦克斯韦从小就是个天才。如果你看过谢尔顿的电视，那么你把他想象成谢尔顿就可以了。

按照维多利亚时代的流行方式，他小的时候是母亲教育的。后来，母亲去世，请私教不顺，只好进入学校学习。由于其年龄过小，进入的班级的年级偏高，外加他一口乡下口音，所以进去就被人称为"矬子"，很受欺负。

天才的光芒是掩不住的，这些打击不了他。他于 14 岁发表第一篇科学论文。由于年龄太小，所以他的论文由一位大学教授代为宣读。1846 年，他 18 岁的时候，在爱丁堡大学，发表了两篇论文。又是由于年龄的关系，他的论文由他的导师代为宣读。后转到剑桥读书，他也是妥妥一枚学霸（图 9-8 为青年时期的他）。

▶ 法拉第的猜想

麦克斯韦的电磁波的思想，最早源于法拉第。光与电磁感应应该有联系，这是法拉第老早就有的想法。

1845 年，法拉第在磁场中放入一块厚玻璃，让光顺着与磁场平行的方向通过这块厚玻璃，结果光的偏振方向发生了偏转[17]。这个现象，叫作磁致旋光[22]。

图 9-8　麦克斯韦

法拉第本人是不太承认以太的。但是,"如果有以太的话,"在 1851 年,他写道:"它不太可能只有传递光之一种效用。"以太也应该是磁力的载体[22]。

1860—1865 年,麦克斯韦在伦敦国王学院从教。在那里,他见到了平时只有书信来往的法拉第。彼时彼刻,法拉第年过七旬,已至垂暮,记忆衰退,到 1867 年便要驾鹤西去了[22,23]。光与磁的猜想,便交给了麦克斯韦。

▶ 开尔文的想法

另一个影响麦克斯韦的,是他的挚友和人生导师,威廉·汤姆森(William Thomson, 1st Baron Kelvin,1824—1907),即后来的开尔文勋爵。

1846 年,汤姆森研究了弹性固体的应力与应变情况,将它和介质在静电中的行为进行类比。

对于不熟悉材料学科的读者,你可以做一个实验。找一把吉他,先选个卡位,用左手手指轻轻压住,然后在音箱孔洞附近用右手手指拨动琴弦,然后松开左手手指,你会看见整个弦都在振动;并且,如果左手开始是压在某些特别的位置,你还可以听见比平时更高的音。这个过程中,开始只有你左手按压位到弦固定位在振动;但是你松开手指后,整个振动以波的形式传至整根琴弦。这个波就是固体弹性波。

汤姆森认为,电介质受静电拉动的状态,也就是法拉第描述过的正负电中心相互分开的状态——这个状态被法拉第称为电的"紧张"状态——就类同于我们刚才举手拨动琴弦的状态。拨动琴弦后,就会产生固体弹性波;那么,静电刺激去掉后,会不会也产生一个类似的波呢?如果动电生磁、动磁生电,这个波有没有可能在以太中传播出去呢[22]?

1855 年,麦克斯韦发表了《论法拉第的力线》(*On Faraday's Lines of Force*)[24]。麦克斯韦方程组已具雏形。而就在同一年,汤姆森专门致信麦克斯韦,让他注意韦伯电场和磁场传播的理论[16]。

▶ 方程组、位移电流与以太分子

1861—1862 年,麦克斯韦发表了以"论物理力线"(On Physical Lines of Force)[25]为题的 4 篇文章,在第 3 篇文章中首次预言电磁波,并指明光是一种电磁波;1865 年又发表了《电磁场的动力理论》(*A Dynamical Theory of the Electromagnetic Field*)[26]一文,总结了麦克斯韦方程的最终形式,并更为完整地陈述了电磁波的预言[27]。

我们先来看看由亥维赛(Oliver Heaviside,1850—1925)总结的国际单位制下的现代形式的麦克斯韦方程组:

$$\nabla \cdot \boldsymbol{E} = \frac{\rho}{\varepsilon} \qquad\qquad (9-23)$$

$$\nabla \cdot \boldsymbol{B} = 0 \qquad\qquad (9-24)$$

$$\nabla \times \boldsymbol{E} = -\frac{\partial \boldsymbol{B}}{\partial t} \qquad\qquad (9-25)$$

$$\nabla \times \boldsymbol{B} = \mu\left(\boldsymbol{J} + \varepsilon\,\frac{\partial \boldsymbol{E}}{\partial t}\right) \qquad\qquad (9-26)$$

　　方程式(9-23)和式(9-24)分别是高斯关于电场和磁场的定律。式(9-23)表示电磁场中某一点电场的源或者汇(电力线发出或者终止的位置)的大小,是由此点电电荷密度 ρ 决定的;介质的介电常数 ε 则影响了电场强度 E 的强弱。式(9-24)则表示磁力线总是无头无尾,所以没有源和汇,磁感应强度 B 的散度为零[28]。

　　公式(9-25)是法拉第电磁感应定律,表明随时间 t 变动的磁场产生了感应的电场,如果周围有闭合的导体回路的话,就可以感应出电流。

　　公式(9-26)是安培环流定律,表明电流产生磁场。与式(9-21)相比,式(9-26)多出一项 $\varepsilon\mu\dfrac{\partial E}{\partial t}$。$\varepsilon\dfrac{\partial E}{\partial t}$ 叫作位移电流,εE 叫作电位移矢量,写作 D。

　　电位移矢量是用来描述电介质极化后引起的电场削弱的情况的,按照法拉第的讲法,这是电介质的正负电荷中心相互分开而导致的。在电路中,电介质往往处于电容的两片导体中间,所以,电介质极化的变化过程最后也表现在整体的电流上,完全没必要单独写出来,像式(9-21)那样表达就可以了。韦伯的理论中,也处理过介质极化的过程,最后,还是把它合进电流中了[21]。

　　但是,麦克斯韦却把它单独独立出来了。式(9-26)中的 J 表示电磁场中某一点电荷自由流动形成的电流;而介质极化过程形成的电流,则是另一类,表示电介质正负电荷中心相互分开一定位置,发生位移,所以叫位移电流。

　　这样分离写成两项有什么好处呢? 这要从麦克斯韦的分子涡旋模型讲起。

　　如图9-9,其中那些六角形的区域,就是分子涡旋。这些涡旋在旋转,如果是逆时针转,就产生正对纸面朝外的磁场,反之,则产生朝里的磁场。这些螺旋旋转被看作是流体或者复杂的机械结构产生的,所以六角形本身的形状不会旋转。在分子涡旋外部中间那些小圆球,代表电荷的粒子。图中的电荷是用的正电粒子。这些电荷小球由于滚动摩擦,在旋向相同的涡旋中滚动,并不移动;但是,在旋向相反的涡旋之间,就会产生位置的移动,从而形成电流。比如图中有些电荷离子沿着 AB 路径移动,就形成了电流(图中的电荷没标正负。如果都是正电荷,图中路径 AB 中有几个涡旋的旋向画反了)这些电流就是公式(9-26)中的 **J** 所代表的电荷移动的电流[27]。

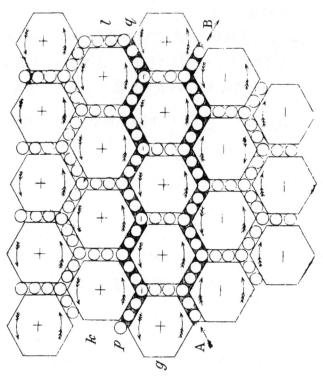

图 9-9　麦克斯韦的以太分子涡旋模型[27]

再看一下绝缘体。对于绝缘体,每个电荷粒子都属于某个涡旋;而且这些涡旋也一定程度上固化了,不会自由无碍地转动。这些涡旋只是在静电的力作用下产生形变,同时电荷随着形变产生不均匀的分布,使得分子涡旋的正负电荷中心有一定程度的分离,形成了分子的电的极化。当这个外力消失或者减弱时,由于弹性,这些涡旋就要恢复到原来的形状,同时产生反向的电荷移动[27]。

由于分子涡旋形变或者形变恢复带动其所属电荷移动而产生的电流,就是位移电流。即式(9-26)中对应的 $\dfrac{\partial \boldsymbol{D}}{\partial t}$。

由于一种材料既有导体的一部分性能,也有绝缘体的一部分性能,所以在材料中的某一点,两种电流是同时存在的。这两种电流合起来产生的电流叫"全电流"。全电流总的结果产生了磁场,如式(9-26)所示。金属材料的性能主要偏于导体,几乎没有位移电流;而对于真空中的以太而言,其性能是理想的绝缘体,所以只有位移电流。

用分子涡旋的模型来看以太分子,就会产生非常有趣的结果。这个时候,仅考虑只有以太分子的一个空间区域,麦克斯韦方程组变为:

$$\nabla \cdot \boldsymbol{E} = 0 \qquad\qquad (9-27)$$

$$\nabla \cdot \boldsymbol{B} = 0 \qquad\qquad (9-28)$$

$$\nabla \times \boldsymbol{E} = -\frac{\partial \boldsymbol{B}}{\partial t} \qquad\qquad (9-29)$$

$$\nabla \times \boldsymbol{B} = \mu_0 \varepsilon_0 \frac{\partial \boldsymbol{E}}{\partial t} \qquad\qquad (9-30)$$

式中,μ_0 和 ε_0 分别是真空的磁导率和介电常数,如果我们认为真空中充满以太,它们就是以太这种介质的磁导率和介电常数。对比式(9-23),式(9-27)表明以太中没有静电荷存在;对比式(9-26),式(9-30)表明以太中没有自由流动的电荷形成的电流存在。式(9-30)表明如果有位移电流存在,就会产生磁场,磁场本身也会随着位移电流的变化而变化。式(9-29)表明,如果变动的磁场存在,则会激发出附近区域的电场,也就会激发附近区域的位移电流。电场和磁场如此彼此激发,就会产生电磁场在空间的传递。

电磁场的这种空间传递,就是电磁波。

我们不加证明地指出,电磁波速度为 $\dfrac{1}{\sqrt{\varepsilon_0 \mu_0}}$,韦伯和科尔劳斯的实验已经证明,电磁波的速度非常接近以其他方式测定的光速;电磁波的电场、磁场与传递方向彼此垂直,是一种横波。正是从这两点结论出发,麦克斯韦预言,光是一种电磁波[27]。

另外,麦克斯韦的理论以以太为基础,我们就很容易想象出以太分子的

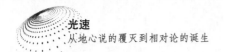

弹性变形存储能量,可以看作机械势能;位移电流则代表了以太分子的运动,是机械动能。所以稍加推导就知道,在国际单位制情况下,电磁波的能流密度是 $\frac{1}{2\mu}B^2 + \frac{1}{2}\epsilon E^2$ [27,29]。

不过,理论归理论,再漂亮的理论也需要实验证实。

麦克斯韦死于 1879 年,时年 48 岁。他没有能够等来实验证实的那一天。

赫 兹 波

麦克斯韦的理论利用机械类比,有非常多的漏洞,非常容易让人挑到毛病。以太存在与否,如何传递力和能量,素有争执。一派人叫笛卡儿派,信奉以太的作用;而另一派叫牛顿派,不太相信以太的传递作用,而认为是各种远距离的吸引排斥作用,是物体之间直接感应的,而且这种感应的速度为无限快,这叫"超距作用"[17]。安培和韦伯都是相信超距作用的。因为这个原因,亥姆霍兹(Hermann von Helmholtz,1821—1894)提出了一个判决性的办法,要对韦伯、麦克斯韦和一个中间派的科学家纽曼(Franz Ernst Neumann,1798—1895)3 人的理论作出判决[16]。而感应传递现象,早就有人看到过,爱迪生(Thomas Edison,1847—1931)等人都有相关描述和记录。所以,要证明电磁波和光波是同类,实验的真正要点,是在电磁波的横波性能和电磁波速度测量上[16]。

岁月迎来了麦克斯韦理论的证明者,他就是赫兹(见图 9-10)。由于亥姆霍兹的提议,赫兹开始思考和设计实验。经过多年的准备,从 1886—1889 年,赫兹通过一系列实验,证明了电磁波的存在、其横波的性能以及电磁波的速度的确等于光速,因而证明了麦克斯韦的预言[30]。

现在我们简略地来看这些实验。

▶ 感应的火花

讲到赫兹的实验,一般的科普书会介绍赫兹使用巨大的莱顿瓶,通过一

图 9‑10　赫兹

个特殊结构的电感回路放电,产生火花,结果在天线上激起相应的火花来
(见图 9‑11)。但是,这个实验的重点不在于激起火花。因为由于电磁感应
而引起打火,是一个被工程师们早就观察到的现象。赫兹实验的重点是如
何调节回路,在一定条件下引起火花。赫兹对回路的调节,影响了电路产生
的交流电的频率。当回路产生的交流电频率和天线的谐振频率一致时,天
线才感应起火花。

　　我们来看电路的工作,如图 9‑12 所示,当开关 SW 闭合,电路的初级
线圈充电,电流不断增加。这个时候铁棒 T 被磁化,产生吸引,拉下 I 键,回
路突然断开,初级线圈产生巨大的反压。通过电磁感应,次级线圈也获得巨
大的感应电压,对莱顿瓶 C 和自由空间形成的串联电容进行充放电,产生振
荡。同时,空气被击穿,在 S 处产生火花。接收器的结构可以理解为是一个
空气电容加一个电感。通过调节接收器的形状和线圈的空气缝隙,可以调
节接收器接收的谐振频率。当接收器的谐振频率和发生器一致时,接收器
上产生巨大的感应电压,击穿空气隙,也产生火花[31]。

　　电路的谐振频率,当时是可以通过电路理论的知识和辅助实验测试来
进行估计的。

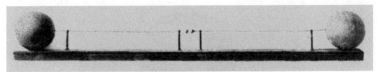

图 9-11　赫兹的发射器与接收器

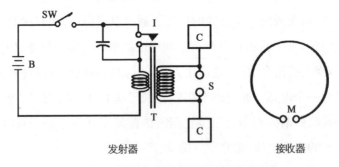

图 9-12　赫兹电磁波验证实验的电路原理

赫兹的第一个实验,就是为了证明,只有接收器和发射器频率一致的情况下,远距离感应才会发生。这个实验为后续的证明打下了基础。

▶ 波速的测定

如图 9-13 所示,为了测定电磁波的速度,他在接收器后面放了一块金属板 M 来反射电磁波。反射波和发射波彼此相干,形成驻波。如果接收器在驻波的波腹上(即驻波振荡最大的位置),接收器就会打火;如果把接收器放在波节(即驻波振荡为零)上,接收器则没有反应。通过观察驻波的形成以及测定驻波的波腹和波节位置,赫兹确定了电磁波的波长。再根据发射器的电路参数,赫兹计算出了发射器的震荡周期。利用"波速 $=\dfrac{\text{波长}}{\text{周期}}$",赫兹确定了电磁波的波速,约为 30 万 km/s,确实和光速一致[32]。

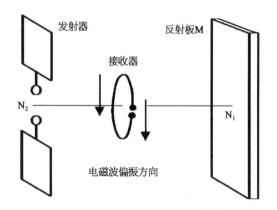

图 9-13 电磁波波速的测定[27]

▶ 电磁波的极性

赫兹还证明了电磁波的极性。他利用一排平行导线做成"偏振器",用以证明,只有发射天线的两个球的连线与这些平行导线垂直,电磁波才能完全穿过"偏振器";如果平行,则不能完全穿过(见图 9-14)[27]。

最后,赫兹把树脂材料加工成一个巨大的棱镜,对电磁波进行折射,证明了电磁波的折射性能[27]。

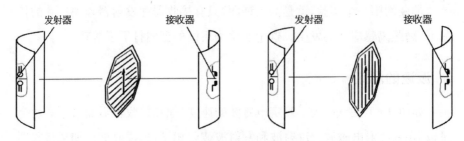

图 9-14　电磁波偏振性能的证明[32]

通过赫兹的一系列实验,我们很难不相信光波和电磁波是一回事。

1894 年,赫兹辞世,时年 37 岁,活得比麦克斯韦还短[32]。

一些广泛的误解

有很多人认为,电磁波没有先期的实验,而是凭麦克斯韦的聪明脑袋想出来的,而且理论一出来,就力压群雄,电学领域一下就"亮"了。通过这一章,我们知道,完全不是这么回事。

另一个常见的误解,是认为电磁波是在真空中行进的,然后通过参数测量定出速度,而不是相对于某个坐标的相对运动来衡量其速度。通过这一章,我们看到,麦克斯韦的模型是依赖以太分子的,所以以太分子的运动情况,是会影响电磁波的速度的。这个假设,和我们前面提到的波动光学的假设没有什么不同。

那么,电磁波实验测定会不会比别的光学实验更敏感呢?

我们来看看当时麦克斯韦使用的数据:韦伯和科尔劳斯:310 740 000 m/s;菲索:314 858 000 m/s;傅科:298 000 000 m/s;光行差:308 000 000 m/s[27]。

作为一个物理常数,光速现在规定的值为:299 792 458 m/s[33]。显然,以上实验和现在测定值的偏差,都在千分之几到百分之几的水平。对于光速而言,这些实验结果的精度,都是半斤八两。不经过特别的设计,是没有办法测出光速的变与不变的。这也是为什么在相对论诞生的历史上,电磁波波速测定的实验没有决定性意义的原因。

下一章,让我们聊聊迈克耳孙-莫雷实验带来的冲击,这样,我们才能明白,是物理的实验(而不是理论)给物理学上空带来了乌云,也带来了革命。

参考文献

[1] Method of fluxions. http://en. wikipedia. org/wiki/Method_of_Fluxions.

[2] Contour line. http://en. wikipedia. org/wiki/Contour_line.

[3] Scalar potential. http://en. wikipedia. org/wiki/Scalar_potential.

[4] Gradient. http://en. wikipedia. org/wiki/Gradient.

[5] Nabla symbol. https://en. wikipedia. org/wiki/Nabla_symbol.

[6] History of the philosophy of field theory. https://en. wikipedia. org/wiki/History_of_the_philosophy_of_field_theory.

[7] Conservative force. http://en. wikipedia. org/wiki/Conservative_force.

[8] Gauss's law. http://en. wikipedia. org/wiki/Gauss％27s_law.

[9] Divergence theorem. http://en. wikipedia. org/wiki/Divergence_theorem.

[10] Current sources and sinks. http://en. wikipedia. org/wiki/Current_sources_and_sinks.

[11] Line of force. http://en. wikipedia. org/wiki/Line_of_force.

[12] Curl(mathematics). http://en. wikipedia. org/wiki/Curl_(mathematics).

[13] Vector potential. http://en. wikipedia. org/wiki/Vector_potential.

[14] Kenneth O May. Biography of Carl Friedrich Gauss. 2018 - 05 - 17. https://www. encyclopedia. com/people/science-and-technology/mathematics-biographies/carl-friedrich-gauss＃2830901590.

[15] Woodruff A E. Biography of Wilhelm Eduard Weber. 2018 - 05 - 21. https://www. encyclopedia. com/people/science-and-technology/physics-biographies/wilhelm-eduard-weber.

[16] Salvo D'Agostino. A history of the ideas of theoretical physics：Essays on the nineteenth and twentieth century physics. Netherlands：Kluwer Academic Publishers, 2000.

[17] Whittaker E T. A history of theories of aether and electricity. London：Thomas Nelson and Sons Ltd. 1951.

[18] Göttingen Seven. https://en. wikipedia. org/wiki/G％C3％B6ttingen_Seven.

[19] Ernest Augustus, king of Hanover. https://en. wikipedia. org/wiki/Ernest_ Augustus,_King_of_Hanover.

[20] Andre Koch Torres Assis. On the first electromagnetic measurement of the velocity of light by Wilhelm Weber and Rudolf Kohlrausch in: Volta and the history of electricity. Edited by F. Bevilacqua and E. A. Giannetto. Milano, Università degli Studi di Pavia and Editore Ulrico Hoepli, 2003: 267 - 286.

[21] Andre Koch Torres Assis. Wilhelm Weber's main works on electrodynamics translated into English. Canada: C. Roy Keys Inc. 2021.

[22] Faraday effect. https://en. wikipedia. org/wiki/Faraday_effect.

[23] Basil Mahon. Ch7 in: the Man who changed everything: the life of James Clerk Maxwell. UK: John Wiley&Sons Ltd. 2003.

[24] James Clerk Maxwell. https://mathshistory. st-andrews. ac. uk/Biographies/ Maxwell/.

[25] James Clerk Maxwell. On physical lines of force. 1861. http://en. wikisource. org/wiki/On_Physical_Lines_of_Force.

[26] A dynamical theory of the electromagnetic field. https://en. wikipedia. org/wiki/A_ Dynamical_Theory_of_the_Electromagnetic_Field.

[27] Niven W D, et al. The scientific papers of James Clerk Maxwell. New York: Dover Publication Inc. 1965.

[28] Maxwell's equations. https://en. wikipedia. org/wiki/Maxwell%27s_equations.

[29] Poynting vector. https://en. wikipedia. org/wiki/Poynting_vector.

[30] Heinrich Hertz. https://en. wikipedia. org/wiki/Heinrich_Hertz.

[31] Rollo Appleyard. Pioneers of electrical communication/Heinrich Rudolf Hertz. Electical Communication, 1927, 9(2).

[32] Pierce G W. Principles of wireless telegraph. New York: McGraw-Hill Book Co. , 1910: 43 - 61.

[33] Speed of light. https://en. wikipedia. org/wiki/Speed_of_light.

第 10、11 章导读

　　这两章介绍了狭义相对论诞生的背景和理论。

　　第 10 章,先从以太模型入手,重点介绍了迈克耳孙-莫雷实验带来的对以太模型的巨大冲击和洛伦兹的理论处理,最后介绍了以太模型跟实验的巨大矛盾。这个矛盾,被开尔文男爵看作是 19 世纪物理学上空两朵巨大的乌云之一。

　　第 11 章,先从牛顿、马赫和庞加莱的时空观入手,介绍相对论诞生的思想背景,然后介绍了爱因斯坦 1905 年两篇狭义相对论的论文。

10 恼人的以太

以 太 模 型

1840 年夏天,格拉斯哥大学的数学教授詹姆斯·汤姆森(James Thomson)领着孩子,正在山明水秀的德国波恩度假。

在兄弟姐妹们到处玩耍,或者去学习德语的时候,15 岁的威廉(见图 10 - 1)却躲到一边,静静地阅读着傅里叶(Joseph Fourier,1768—1830)

图 10 - 1　威廉·汤姆森

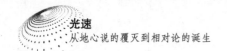

的书《热的分析理论》(*Théorie Analytique de la chaleur*)[1,2]。

这本书深深地影响了威廉。威廉后来所有的物理工作,都要强调从这本书上学来的两个重点:一个是理论和实验的对比;一个是将处理的物理对象和力学系统进行对比。只有这两点对比看起来都合理的情况下,威廉才认为,这样的物理模型是可以理解的[2]。

为了捍卫这本书,在老詹姆斯的帮助下,15岁的威廉写下了人生中第一篇科学论文。这篇文章也是威廉16岁进入剑桥的重要砝码[2]。

在划船、吹号、拼命花着节省的老詹姆斯的钱之余,威廉将静电场与热对比,利用傅里叶级数处理了静电场分析[2]。

1845年,威廉以第二名的成绩毕业,老詹姆斯为宝贝儿子谋求的格拉斯哥大学讲席教授的位置却没有如期而至。老的讲席教授虽然成了植物人,但还没死。威廉便与同学一起,游历法国,去见一见那些他趋慕已久的热学名宿[2]。

法国的科学家们非常喜欢这个来自英国的神童,刘维尔(Joseph Liouville,1809—1882)更是给威廉提出了个问题,询问如何将法拉第的力线概念和库仑力的计算联系起来。威廉写了篇文章给刘维尔。文章分析了电力线穿过电介质的分布情况。文章的思想,启发了法拉第,也是法拉第发现磁致旋光现象的重要诱因[3]。

1851年的时候,在一个朋友家,威廉碰到了他的小迷弟,小他8岁的麦克斯韦。他们建立了终生的友谊。麦克斯韦正是在威廉的思想基础上,利用以太,建立了电磁波的模型[2,4]。

但是,麦克斯韦的分子涡旋不能让威廉完全满意。麦克斯韦的模型也不够具体[2]。

▶ 涡旋

麦克斯韦的分子涡旋概念来源于威廉和他的朋友德国教授亥姆霍兹。威廉和亥姆霍兹在研究烟圈的时候,从流体力学的角度解释了烟圈的形成,认为烟圈的旋转正好可以类比电场和磁场的关系。但是,在麦克斯韦写完1862年的文章后,威廉通过推算,发现烟圈本身就是不稳定的,最后总得烟消云散,由此类比可知,涡旋分子也无法稳定存在。因此,威廉又构想了个新的模型,叫作涡旋泡沫:泡沫里的液体部分还像以前的分子涡旋一样,如同流体那样旋转;而固体部分则负责给泡沫定型,使涡旋不至于消散。理论变得异常复杂,模型计算也变得困难。时任英国皇家学会主席的瑞利(John William Strutt, 3rd Baron Rayleigh, 1842—1919)嘲笑说:"涡旋泡沫就完全是个理论泡沫。"[2]

1884 年,威廉在巴尔的摩的霍普金斯大学做了一段时间的讲座,在讲座中,他举出了好几种关于以太的不同的机械模型,每种模型可以解释以太的一部分性能,比如为什么光是横波、为什么太阳光谱有暗线等。但是这些模型都非常复杂,并且也无法转化成具体的物理计算[5]。

▶ 麦克斯韦的追随者

在麦克斯韦 1862 年的论文发表以后,虽然电磁波的预言还没有被实验证实,但是有好些人都相信麦克斯韦的理论,并在此基础上,发展"电磁以太"模型。同时,麦克斯韦也在总结和补充自己的工作。但是,到 1873 年止,麦克斯韦依然没有办法建立关于电磁波反射和折射的模型[6]。

解释电磁波的反射和折射最重要的工作,是由菲茨杰拉德(George Francis FitzGerald, 1851—1901)和洛伦兹完成的。

菲茨杰拉德借用麦克库拉(James MacCullagh, 1809—1847)1839 年的模型,再结合麦克斯韦的推导,在 1873 年,建立了电磁波在不同介质中运动的波动方程。

麦克库拉的工作,是在菲涅耳以太理论的基础上,为了合理推导出光的反射定理和折射定理而提出的。虽然麦克库拉和他同时期的科学家们一样,承认菲涅耳的以太分子模型,但是,他们认为,以太分子的具体物理性能和结构,大家是不知道的;所以,他们避开以太分子的具体结构和运动,而是采用了最小作用量原理来进行推导[6]。所谓最小作用量原理,最早是 17 世纪的法国数学家费马(Pierre de Fermat, 1607—1665)提出的,后来经过哲学家莫佩尔蒂(Pierre Louis Maupertuis, 1698—1759)的发挥,这个原理变成了:"大自然采用最经济的方式进行工作"。这个思想,后来变成了整个分析力学的基础,也是现代物理学的基石之一。有兴趣的读者可以参看分析力学的有关书籍[7]。

菲茨杰拉德把电力和磁力与麦克库拉的以太弹性变形进行对比,然后同样采用最小作用量原理来解释电磁波的运动,推导出电磁波的反射和折射定理;他还预言,通过高频的交流电,足以产生电磁波。菲茨杰拉德的预言,也是赫兹实验的基础之一[8]。

洛伦兹在 1875 年的博士论文中,也推导出了电磁波的折射和反射。他的思路跟菲茨杰拉德略有不同。洛伦兹按照亥姆霍兹的思路,既承认安培和韦伯所信奉的"超距作用",又结合麦克斯韦的以太传播理论,得出了类似菲茨杰拉德的结果[6]。

不过,他们的种种假说,被一个实验打乱了。

迈克耳孙-莫雷实验

迈克耳孙(见图 10-2)是德裔犹太人,3 岁时随父母移居美国。1869年,他 17 岁那一年,在参加美国海军学院的考试后,获得一个竞争性的名额。他前往白宫,携带推荐书,和格兰特总统面谈。但是总统遗憾地告诉他,自己的 10 个推荐名额已经用完。这时,海军一位高级军官正好进来,告诉他有一个考试时生病的孩子没有参加考试,现在正在补考。如果这个孩子补考不过,迈克耳孙就可以得到这个名额。当他到达美国海军学院,别人遗憾地通知他,那个孩子通过了补考。他登上列车,准备返回白宫再跟总统争取。在列车启动的那一刻,一个海军军官赶来,通知他,他被补录了。那一年,美国海军学院有了 11 名总统推荐的特招生[9]。

毕业并跟船见习两年后,1877 年,迈克耳孙回到美国海军学院,成为一名讲授物理和化学的教官。他迷恋科学,重复了很多历史上著名的实验。在 1879 年,在老岳父的资助下,他改进了傅科测量光速的实验,测得光速等于 299 864±51 km/s。从此,他踏上了测量光速的科学探索之路[10,11]。

图 10 - 2 艾伯特·迈克耳孙

▶ 1881 年实验

如果要更细致地确定光速,按照当时的理论,就需要确定以太的运动对光速的影响。1881 年,迈克耳孙受美国政府资助,在德国学习,他借鉴法国科学家的设计原型,设计了新的干涉仪,来测量以太的运动。这种形式的干涉仪,我们称为迈克耳孙干涉仪[12](见图 10 - 3)。

我们先看光走过的路程。光由钠灯发出,先碰上半反半透镜,在半反半透膜上被分为光强相等的两束光。一束光透过膜,经过补偿板,被反射镜 2 反射,再次经过补偿板,又回到半反半透膜,一半的光被反射进摄像机中;另一束光先被膜反射,穿过半反半透镜的镜体,再被反射镜 1 反射,再次穿过半反半透镜的镜体,到达膜,一半的光投射进摄像机中。

半反半透镜和补偿板使用的是一样的玻璃材料,厚度也一样,放置位置彼此平行,这就保证了进入摄像机的两束光的强度是一样的。不像现在,我们可以使用激光;纳光灯的光比较弱,所以,想要得到清晰的干涉条纹,两束

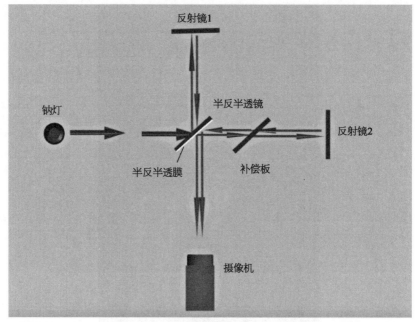

原理平面示意

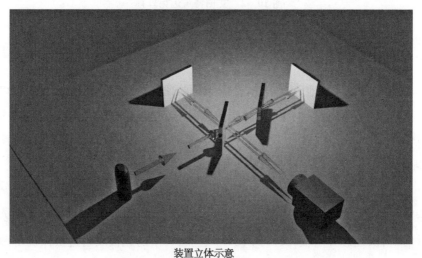

装置立体示意

图 10 - 3　迈克耳孙干涉仪的原理与装置

相干光的光强一致是非常重要的。

反射镜 1 和反射镜 2 对应的两条不同的光路部分分别叫作干涉仪的两臂；如果要得到清晰的干涉条纹，两个臂要调到几乎一样长，我们令这

个长度为 l。

那个时候,也没有摄像机,迈克耳孙是通过一个带分划板的望远镜来观察条纹的,并通过分划板上的刻度值来确定条纹的位置。

迈克耳孙把整个系统放在一个旋转台上,先调好系统,得到干涉条纹;再将旋转台旋转 $90°$,来观察条纹的移动情况,来观察以太相对地球的运动。

现在假设地球相对宇宙的运动速度为 v,以太相对宇宙静止。开始的时候,我们让反射镜 1 这条臂和地球在宇宙中的运动方向一致,那么,在这条臂上,光来回走动的速度分别是 $c+v$ 和 $c-v$,则在臂上走个来回所需的时间是 $\dfrac{l}{c+v}+\dfrac{l}{c-v}$,即为 $\dfrac{2l}{c(1-v^2/c^2)}$;在另一条臂上,光的运动垂直于以太的运动,所以走一个来回的时间是 $\dfrac{2l}{c}$。 因此,两臂上光走一个来回是有时间差的;当 v 大大小于 c 时,这个时间差带来的路程差为 $2l\dfrac{v^2}{c^2}$(这里需要微积分知识,如果看你不明白,先承认结果,以后再研究)。这个路程差会反映在条纹的位置上。现在,如果将旋转台转 $90°$,两臂交换位置,两次结果对比,路程差的相对变化为 $4l\dfrac{v^2}{c^2}$。 这个路程差反映为条纹的移动[13]。

不幸的是,这是一个错误的推导!

迈克耳孙进行了长时间的实验,结果没有发现所希望的条纹移动值。

迈克耳孙将结果发表后,立即引起了关注。不过 1882 年,法国科学家波蒂埃(Alfred Potier,1840—1905)发现迈克耳孙推导错了。1886 年,洛伦兹也发现了这个错误(至于为什么错了,很多教科书上都有解释,我留给读者自己查证。而且利用前面介绍的菲涅耳的光行差的分析办法,很容易发现这里的错误)。

按照正确的推算,跟以太运动方向垂直的一臂的光来回的路程应该是 $\dfrac{2l}{\sqrt{1-v^2/c^2}}$,因此,当 v^2/c^2 是小量时,路程差最后是 $l\dfrac{v^2}{c^2}$,而不是 $2l\dfrac{v^2}{c^2}$。迈克耳孙算大了一倍。按照正确的计算,只能得到 0.02 条的条纹差,即最多 0.04 条的条纹移动。当时迈克耳孙的实验结果,平均是 0.018 条的条纹

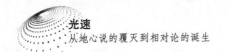

差,很难和 0.02 条区分开来[14]。

迈克耳孙后来对一个朋友说,自己数学真是不行。不过,他的测量方法,还是得到了大家的承认[12]。

▶ 1887 年实验

开始新的实验并不容易。

从上面的推导,我们知道,要想提高实验精度,就得加长干涉仪的两臂。而臂一加长,臂的刚度就难以保证,旋转过程的振动也会变大,破坏开始调整好的系统。

迈克耳孙是在 1885 年开始准备实验的,这时他已经是凯斯学院的教授了。为了制作更精良的仪器,他开始和西储学院里的一位教授莫雷合作(凯斯学院和西储学院共用一个校园,后来合并成凯斯西储大学)。他们先是准备重做菲索的流水实验,更精确地得到了菲涅耳拖拽理论中的拖拽系数。

不料,实验刚准备完,迈克耳孙精神崩溃了(这里不是一个比喻,是真的崩溃了)。后续的实验停顿了下来。迈克耳孙辞了职,专心回纽约养病。莫雷认为,迈克耳孙再也回不来了。没想到,几个月后,迈克耳孙又回到了实验室。

1886 年的春天,迈克耳孙等完成了流水实验。他给远在英伦的威廉·汤姆森和瑞利去信,告诉他们实验的情况。因为,1884 年,迈克耳孙在加拿大蒙特利尔的会议上认识了瑞利;在巴尔的摩聆听汤姆森的演讲后,认识了汤姆森。这两个人对他是否进行进一步实验极感兴趣。

瑞利回了信,肯定了迈克耳孙和莫雷的实验,并催促他们赶快按计划进行下面的工作。

瑞利的信点燃了迈克耳孙工作的热情[12]。

他们加工了新的干涉仪,每个臂的长度达到了 11 m,比以前 1881 年的臂长几乎增加了 9 倍。整个系统放在大理石台上,大理石台又漂浮在水银上。在水银池中的大理石台可以平稳而准确地水平旋转。

他们利用这台仪器做完实验。按理论预计,条纹移动应该是 0.4 条纹移动;实验结果则在 0.02 条纹移动以下,离理论预想非常之远[15]。

换言之,以太和地球之间没有理论预测的相对运动!那像斯托克斯一样,认为以太和地球一起动,可以吗?不行,菲索的水流实验又卡在那里。而且,1893 年,洛奇(Oliver Lodge,1878—1955)通过巨大的钢盘高速旋转,想来拖动以太,结果没有观察到预想的情况[16]。这更是说明拖动以太不是合理的假设。

对世界来说,这是一次伟大的实验。但是,对迈克耳孙而言,则不是那么美妙。在实验的中途,他太太怕他过于劳累紧张,又犯精神病,就让他暂时停顿,并和一家人外出度假。结果家里仆人监守自盗,把家里偷个干净。他们回来后,虽然追回大部分财物,但是需要雇佣新仆人。而新雇佣来的仆人又和迈克耳孙不清不白,还敲诈迈克耳孙。最后双方不得不对簿公堂。这段奇案闹得满城风雨,也为最后迈克耳孙和太太离婚打下伏笔[12]。

洛 伦 兹 变 换

1881 年后,迈克耳孙的实验就非常引人关注。1887 年实验完全完成后,物理学家们,特别是理论物理学家们,就不得不直面问题了。

▶ 长度收缩

1889 年,菲茨杰拉德发了一篇非常短的文章,提出了一个解决迈克耳孙实验带来的问题的思路:可以认为是顺着以太运动方向的干涉仪的一条臂的长度收缩了。

理由呢?

菲茨杰拉德有个穷朋友叫亥维赛,就是我们上一章提到的把麦克斯韦方程组整理成现代形式的亥维赛,他在 1889 年也发表了一篇文章,分析了带电的物体在电介质中运动时,周围电磁场的变化情况。这篇文章得出一个结论,同向运动的带同种电荷的物体之间会由于感应而彼此吸引,这个吸引力非常大,很有可能引起这些物体彼此靠近。而且这个吸引力的大小就含有 v^2/c^2 项[17]。

因此菲茨杰拉德开了个脑洞：普通物质的分子在以太中运动时，是不是也有这种性质呢？如果那样的话，干涉仪的这条臂的长度就收缩了，所以光走一个来回的路程就变短了，最后就导致迈克耳孙实验观察不到应该有的条纹移动了。

菲茨杰拉德也知道自己是开了个脑洞，所以他用的语气是"也许不是不可能猜测……"（It seems not improbable supposition that ... ）[18]。

这里顺便说说菲茨杰拉德和亥维赛的友谊。亥维赛出身卑微，中学读到一半就辍学，身世自然不能和汤姆森、麦克斯韦、菲茨杰拉德这些剑桥高才生比，又桀骜不驯，爱与人争执，故常陷于贫苦。他晚年的退休金是菲茨杰拉德和他一个朋友争取来的[19]。

言归正传。

菲茨杰拉德仅仅是说说，但是远在荷兰的洛伦兹（见图 10-4）则是正正规规做了计算。

1892 年，洛伦兹引入了长度收缩并作了推算。

图 10-4　洛伦兹

洛伦兹加入长度收缩的理由非常直接,他认为一般的物质本身就是含有电荷的,在以太中运动时,彼此间的电场和磁场通过洛伦兹力相互影响,将会使这些物质在运动方向上产生收缩[20]。

菲茨杰拉德给他去信,讲自己早就在用长度收缩的概念,并且在一般的讲座中讲授。洛伦兹在1894年的论文中讲了这件事,并且强调,自己是独立提出长度收缩的概念的[21]。

除了长度收缩,洛伦兹还引入了另一个概念,叫作"本地时"。

现在我们来看看洛伦兹的变换。

▶ 方程与变换

这里看的是洛伦兹相对成熟的论文,1899年的《运动系统中光和电现象的简化理论》[6]。在1899年的论文中,洛伦兹引入了5个方程(方程在emu制基础上,D 多年用的是混合单位制,电场与电位移矢量需要在高斯单位制下除以 4π,F 与 E 同量纲,一般读者注意磁场用 H,理解方程大意即可)来表示一个带电粒子在以太中运动的情况:

$$\nabla \cdot D = \rho \tag{10-1}$$

$$\nabla \cdot H = 0 \tag{10-2}$$

$$4\pi c^2 \nabla \times D = -\frac{\partial H}{\partial t} \tag{10-3}$$

$$\nabla \times H = 4\pi\rho v + 4\pi \frac{\partial D}{\partial t} \tag{10-4}$$

$$F = 4\pi c^2 D + v \times H \tag{10-5}$$

对照上一章的式(9-23)~式(9-26),可以看出式(10-1)~式(10-4)就是以太介质中的麦克斯韦方程组,只是电流密度 J 加上一定量纲常数以后,被 ρv 代替了。这里 ρ 是在以太中以速度 v 相对以太运动的带电粒子的电荷密度(带电粒子被洛伦兹看作是个有电荷密度的小球)。

而最后一个方程式(10-5),是指在真空中运动的一个单位电荷受到的其所处位置的电场和磁场施加于其上的力,即洛伦兹力。

洛伦兹认为,普通的物质,比如支撑迈克耳孙干涉仪的大理石台,其为原子或者分子组成,这些分子原子都带有电荷。这些电荷在以太中运动时,彼此之间的电场和感应磁场将给彼此施加洛伦兹力,因而引起物质在运动方向的收缩。比如大理石台是在沿坐标的 x 轴正向以速率 v_s 运动,如果物质不运动时的坐标是 x',现在运动后变成 x,那么这个收缩的关系为

$$x' = \frac{x}{\sqrt{1 - v_s^2/c^2}} \tag{10-6}$$

而 y 和 z 坐标不变,即 $y' = y$, $z' = z$。

除此之外,洛伦兹还引入了一个关于时间的变换:

$$t' = t - \frac{v_s}{c^2 - v_s^2} x \tag{10-7}$$

把这组变换代入式(10-1)～式(10-4),发现式(10-1)～式(10-4)可以整理成下面的形式 $\left(\nabla_1 = \frac{\partial}{\partial x'} \boldsymbol{i} + \frac{\partial}{\partial y'} \boldsymbol{j} + \frac{\partial}{\partial z'} \boldsymbol{k} \right)$:

$$\nabla_1 \cdot \boldsymbol{E}' = \frac{4\pi}{k} c^2 \rho - 4\pi v_s \rho v_x \tag{10-8}$$

$$\nabla_1 \cdot \boldsymbol{H}' = 0 \tag{10-9}$$

$$\nabla_1 \times \boldsymbol{E}' = -\frac{\partial \boldsymbol{H}'}{\partial t'} \tag{10-10}$$

$$\nabla_1 \times \boldsymbol{H}' = 4\pi \rho \boldsymbol{\Lambda} \boldsymbol{v} + \frac{c^2}{k^2} \frac{\partial \boldsymbol{E}'}{\partial t'} \tag{10-11}$$

式中, $k = \frac{c}{\sqrt{c^2 - v_s^2}}$, v_x 是粒子速度的 x 分量, $\boldsymbol{\Lambda}$ 是对角元素为 k,1,1 的对角矩阵。

整理后,公式依然是一组麦克斯韦方程组,表达的还是电场和磁场的电磁规律,除了一些常数的调整,没有什么特别的地方。如果我们让 $v_s = 0$,即系统不相对以太运动时, $k = 1$,坐标和时间也没有发生变化,仅仅相当于调整了电场的表达方式而已。如果 $v_s \neq 0$, $k > 1$,式(10-8)表明,电场对

应量变小了,或者说从以太坐标来看,电荷密度变小了,从系统本身的坐标来看,则是电荷密度变大了。利用式(10-11)的 **Λ** 进行判断,用类似的推理,在系统坐标中观察,x 向的长度也缩短了。而这个系统坐标,就是我们做实验的时候所处地球本身的坐标。

洛伦兹在 1899 年文章前后,根据陆续出现的实验,不断修改变换。但是,万变不离其宗,就是要使系统达到长度收缩的同时,可以解释各种实验结果。

特别有意思的是时间项的调整。1899 年的文章里,时间 t 和 t' 之间是个线性平移关系。时间 t',洛伦兹把它叫作"本地时",类似地球上有不同的地点有不同的时间一样。在后来的变换里,变成了 $t'=\dfrac{l}{k}(t-\cdots)$ 的形式(其中 l 是另一个变换参数)。在系统坐标系 $x'y'z'$ 中,时间变长了。从以太空间看运动体系中发生的事,好像按了慢进键,看到的都变成了慢动作。而这个时间被拽长的现象,叫作"时间膨胀"[22]。

真的有本地时吗?洛伦兹自己仅仅是为了做变换方便引入的,不像尺度收缩,是个真的物理效应。那为什么又要引入时间膨胀呢?因为,在 1901 年,考夫曼(Walter Kaufmann,1871—1947)通过观察电子束的运动,发现了质量随速度增加的现象[23]。洛伦兹把这种现象归结于电磁场规律的变化,不得不开始引入时间膨胀。而后,在 1902 年,瑞利希望观察到物质的长度收缩而引起物质产生双折射现象,这个实验也以失败而告终[24]。理论学家将这种失败解释为电磁规律中的时间参量的变化。时间膨胀,成了解释实验失败的必选路径。

后来庞加莱专门为本地时和时间膨胀作了解释,引入"光钟"的概念。就是在运动坐标中的人察觉不到自己是运动的,认为光速还是 c,是用光在固定长度的两个镜子间来回反射的次数,给钟校准,那这个钟计出来的时间,就是"本地时";而运动系中的人用来量长度的尺子,由于在运动中收缩了,所以他也察觉不到自己的尺子变短了,所以量来量去,周围还是没啥变化,跟静止时一样[25]。

在 1905 年的时候,独立于爱因斯坦,庞加莱把洛伦兹变换整理成了我

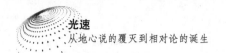

们现在所知的形式。这个变换,我们下一章会谈到。

物理世界上空的乌云

我们又要说回威廉·汤姆森。

这个时候,他已经是开尔文男爵了。1892 年,他在已经封爵的基础上,升级为男爵。男爵的封号,由他自己选定。他选定了"开尔文"这个名字。这是一条河的名字。这条河流经格拉斯哥大学,汇入格莱德河,蜿蜒入海[2]。

除了科学上,尤其是热力学和电磁学上的贡献,开尔文还是大西洋海底电缆的推动者、设计者和制造者。海底电缆建造成功,将四大洲用电信号连起来,电报瞬时而达,大大扩展了英国管理殖民地的效率,为帝国带来巨大的财富。正是这个原因,威廉·汤姆森得封男爵。

1889 年的时候,开尔文还坚持着他的以太观,所以他懊恼地说:

"我四十二年来日思夜想……当然不是每天都想……期望获得一个解释,结果啥也没获得。"

1896 年,他给菲茨杰拉德写信,再次抱怨道:"靠两个能量守恒公式……弄点矢量……靠一页纸的关于方程的对称性的表述……是没什么自然哲学的,是虚无主义的。"[2]

1900 年,开尔文爵士发表了《十九世纪热与光的动力学理论上空的乌云》(*Nineteenth Century Clouds over the Dynamical Theory of Heat and Light*)的著名演讲。在演讲中,他再次陈述了他关于以太的疑虑,直指其为物理学上空的两朵乌云之一。

他认为,就算我们接受普通物质和以太可以占据同一空间的假设,我们依然很难想象以太的纵波传播大大快于横波,而同时横波却占有波动的绝大多数能量,普通物质到底是怎样激起以太中间的光这种波动的? 为什么在普通物质中光的传播速度总是慢于纯粹以太中的速度[26]?

在同一年,电子理论的创建者拉莫尔(Joseph Larmor,1857—1942)出版了《以太与物质》一书,认为我们总是想用机械模型化的以太去解释电磁作用,是不对的;反之,电磁作用才是整个世界的相互作用的基础[6]。

洛伦兹也察觉到他的以太有个毛病。因为他的以太框架是绝对静止的,只是普通物质在其中运动,而产生长度到时间等的改变。仿佛是以太可以改变物质运动,物质却对以太没有反作用,不能带动以太运动。这使以太的概念变得抽象,更像是个处理问题的数学框架。1900 年,庞加莱开始研究如何处理这一矛盾[25]。

1902 年,开尔文绝望地接受了以太可以抽象化,接受普通物质可以共处同一空间,可以作用和反作用不对等等概念,但是大多数科学家对开尔文的这种新观点不以为然[2]。

以太的概念变得过分抽象、破碎和技术化,决定了"以太"这一伴随物理学诞生和成长的概念,最终要被抛弃了。

参考文献

[1] Jean B J Fourier. The analytical theory of heat. trans. Freeman A. London: Cambridge University Press, 1878.

[2] David Lindley. Degrees Kelvin: A tale of genius, invention, and tragedy. Washington D. C. : Joseph Henry Press, 2004.

[3] William Thomson, 1st Baron Kelvin. https://en. wikipedia. org/wiki/William_Thomson,_1st_Baron_Kelvin.

[4] Basil Mahon. Ch7 in: the man who changed everything: the life of James Clerk Maxwell. UK: John Wiley&Sons Ltd. 2003.

[5] Lord Kelvin, et al. Baltimore lectures on molecular dynamics and the wave theory of light. London: C. J. Clay and Sons. 1904.

[6] Kenneth F Schaffner. Nineteenth century aether theories. Braunschwei: Pergamon Press Ltd. , 1972.

[7] Stationary-action principle. https://en. wikipedia. org/wiki/Stationary-action _principle.

[8] William Reville. George Francis Fitzgerald — eminent Irish physicist. The Irish Times, 2001.

[9] Lemon H B. Albert Abraham Michelson: the man and the man of science. American Physics Teacher, 1936, 4(1): 1 – 12.

[10] Michelson's 1879 determinations of the speed of light. https://sas. uwaterloo. ca/~rwoldfor/papers/sci-method/paperrev/node6. html.

[11] Albert A Michelson. https://en. wikipedia. org/wiki/Albert_A. _Michelson.

[12] Albert E Moyer. Michelson in 1887. Physics Today, 1987, 5(40): 50 – 56.

[13] Michelson A A. The relative motion of the Earth and the luminiferous ether. American Journal of Science, 1881, 22: 120 – 129.

[14] Haubold B, et al. Michelson's first ether-drift experiment in Berlin and Potsdam. AIP Conference Proceedings 179, 1988: 42.

[15] Michelson A A, Morley E W. On the relative motion of the Earth and the luminiferous aether. Phil. Mag. S. 5, 1887, 24(151): 449 – 463.

[16] Bruce Hunt. Experimenting on the ether: Oliver J Lodge and the great whirling machine. Historical Studies in the Physical and Biological Sciences, 1986, 16(1): 111 – 134.

[17] Oliver Heaviside. On the electromagnetic effects due to the motion of electrification through a dielectric. Phil. Mag. S. 5, 1889, 27 (167): 324 – 339.

[18] FitzGerald G F. The ether and the Earth's atmosphere. Science, 1887, 13 (328): 390.

[19] Oliver Heaviside. https://en. wikipedia. org/wiki/Oliver_Heaviside.

[20] Hendrik Lorentz. The relative motion of the Earth and the aether. 1892. https:// en. wikisource. org/wiki/Translation: The_Relative_Motion_of_the_Earth_and_the_ Aether.

[21] Stephen G Brush. Note on the history of the FitzGerald-Lorentz contraction. Isis, 1967(2): 230 – 232.

[22] Lorentz H A, et al. The principle of relativity: a collection of original memoirs on the special and general theory of relativity. Tran. Perrett W, et al. London: Dover Publication, Inc. 1952: 11 – 34.

[23] Kaufmann-Bucherer-Neumann experiments. https://en. wikipedia. org/wiki/Kaufmann %E2%80%93Bucherer%E2%80%93Neumann_experiments.

[24] Experiments of Rayleigh and Brace. https://en. wikipedia. org/wiki/Experiments_

of_Rayleigh_and_Brace.

［25］Lorentz ether theory. https：//en. wikipedia. org/wiki/Lorentz_ether_theory.

［26］Lord Kelvin，et al. Baltimore lectures on molecular dynamics and the wave theory of light. London：C. J. Clay and Sons，1904：486－492.

11 相对时空

17 岁是一个人人生中最美好的年华。

17 岁时，牛顿在母亲的催促下，辍学回到了家。这是牛顿的母亲第二次守寡了，急需牛顿回来当个农民，或者做点其他营生，过个安稳日子。要不是牛顿学校的中学校长追来，估计我们就没有物理学上第一大神可以膜拜了[1]。

同样的，我们亲爱的爱因斯坦在 17 岁那年，不得不再考一次苏黎世联邦理工学院。在好不容易考上的情况下，老爹的生意失败，很可能没钱供他读书，而是要他回家当个工程师。要不是后来生意好转，估计我们也没有物理学上的第二大神可以膜拜了[2]。

按照一般科普书的讲法，我们应该把牛顿和爱因斯坦姓字名谁，家住哪里，有何功绩讲得清清楚楚，还要头头是道。但是，牛顿和爱因斯坦，并称"牛爱"，变成了神的名字，他们的故事，人尽皆知，不需要我再讲一遍了。

我要讲的，是他们的思想。

时 空 观

▶ 牛顿的时空观

如果我们还记得前面的内容，就知道，牛顿的青年时代（1660—1680年）正是惠更斯到处推销他的摆钟的时代。准确、均匀的钟，是科学、技术和各种实践活动的共同追求。而在牛顿之前,微积分还没有创立,几何是人们处理科学问题的最重要的手段。所以,欧几里得的几何空间,是一个不言自明的真实世界的空间模型。

什么是时间?什么是空间?牛顿要求区分到底是绝对的还是相对的,真实的还是表观的,常识的还是数学的。

牛顿认为,绝对时间是不依赖任何物体、任何运动而均匀流逝的,这个时间是真实的,也是"数学的"。而我们依靠感觉和测量仪器得到的时间是相对的、表观的和常识的。我们对时间的测量是依靠某种运动进行的。所以相对的时间,就有精确不精确的差别,有一个钟计时和另一个计时不同的差别,有地球上一个地方当地时和另一个地方当地时的不同[3]。

牛顿还认为,绝对空间是均匀的、不动的、不依赖任何物体而存在的。而相对空间是在绝对空间中的一个可以移动的和测量的一个区域、一个面、一段线甚至一个点。我们是依靠相对一个物体的几何关系来感知和测量相对空间的。从我们自身出发,我们认为我们周围的空间是不动的。但是,相对空间相对于绝对空间可以是动的。比如我们站在地球上,地球的大气也相对地球保持静止,我们就觉得地球所在的空间是不动的。我们直觉上会相信地心说;但是,在宇宙中,地球是动的。所以从地球来衡量得到的静止的空间,其静止是相对的,相对于绝对空间,是动的[3]。

牛顿的思想,听起来很符合我们的直觉。

可是,如果碰到哲学家,哲学家就会问:牛顿真的想得对吗?

▶ 马赫的时空观

马赫(Ernst Mach,1838—1916,见图 11-1)是奥地利科学家,在声学、心理学和哲学上都有重要贡献。我们现在谈论飞机的飞行速度,都是用多少马赫来表示。

《力学》(*The Science of Mechanics*)是马赫著名的著作之一。在这部著作中,他对牛顿的时空观进行了直截了当的批判。

我们要认知世界,必须先感觉到事物,根据经验,去思考总结,再做实验,作判断。离开了可感知的事物,离开了我们的感觉,这一切都无从谈起。

图 11 - 1 马赫

怎么可能离开钟表,离开可感知的运动,来谈论时间呢? 怎么可能离开尺子,离开日月星辰,离开大地山川,离开我们身体前后左右的判断,来谈论空间呢?

所以,绝对时间、绝对空间,都是无用的想象之物。牛顿虽然自称以实验为出发点,但牛顿的这些概念,反倒是没有凭借的空想[4]。

为了区分绝对运动和相对运动,牛顿提出过水桶实验。如何区分水桶转还是不转呢? 生活经验告诉我们,由于离心力的作用,旋转的水桶水面下凹,而静止的水桶则水面则是基本平的。类似的,由于我们通过实验,知道赤道的重力要小些,根据赤道上的物体的离心趋势,我们知道地球相对于绝对空间是旋转的。按照牛顿那个时代的观念,恒星是不动的,所以恒星在绝对空间中是静止的[4]。

马赫则反驳道,这个比喻只能说明地球相对于宇宙中的恒星是运动的,或者也可以倒过来说,宇宙中的恒星相对于地球是运动的。这只是同一件事的两个说法,而离心力,或者说惯性力,只是这种相对运动的反映。如果

非要用水桶来做例子,水桶相对地球静止,所以水面比较平,而相对于宇宙
的恒星,水桶还是和地球一起在运动。所以,并不存在绝对运动,也不存在
绝对空间。

另外,怎么判断时间和空间的均匀性呢? 我们对时间和空间的观察,主
要依赖天体的观察,比如我们会认为地球自转是均匀的,绕太阳转一年的时
间是固定的,它在空间的轨道也是重复的。但是,根据牛顿的力学理论,我
们知道地球自转得会越来越慢,轨道也并不是重复原来的路径。这个时候,
我们会根据力学规律,对轨道所经历的空间,地球转动的时间作出修正。所
以,我们的空间和时间的均匀性的概念都是依赖具体的物体,并且依靠已知
的物理定律来进行的。

马赫认为,我们之所以选择这样的空间、这样的时间去定义这样的均匀
性,一切不过是为了我们思考和总结规律方便。科学家的思想也是大自然
的一部分,其遵循的原则,只是为了更"经济"。我们定义的概念、发展的理
论并以此制作出的测量仪器,无不遵从这一原则[4,5]。

▶ 庞加莱的时空观

庞加莱(见图 11 - 2)以数学家而闻名。但是,他的主业是矿业工程师。
他一生都没有离开过工程师的位置,最多是兼职教教书。1893 年,他加入
了法国的经度局。经度局有一个推广项目,是在计算经纬度的时候,使用十
进制的角度值。这个工作是失败的。然而,这个工作把他吸引到了洛伦兹
的理论上来。

虽然牛顿和马赫深入地考虑时间和空间的关系问题,但是远远没有庞
加莱考虑得具体。对庞加莱来说,考虑地球各地不同位置的计时差异,是一
个必须面对的工程问题。

怎么样才能够保证地球上两个点的同时性? 或者说,如何才能在地球
上不同位置进行精确的对钟?

庞加莱讨论了摆钟的对时。容易理解,每个钟都不一样;钟所在的地点
重力有差异,会使摆动周期发生微小的变化;温度变化也会影响钟的摆动。
所以,先将两台钟对好时,然后把一台钟带走送到另一个地方,根本不能保

图 11 - 2　庞加莱

证过一段时间,两个钟计时的准确性。

在实践中,不同地方,是如何对时的? 依靠天文观察。比如我们前面讲过的,依靠木星卫星来对时。但是,我们知道光速是有限的。所以精确的对时和校准,必须考虑木星卫星的光到达地球不同位置的时间差异。

在庞加莱的时代,电缆已经将欧美各地连接起来,这个时候,精确对时可以通过跑在电缆里的电信号来进行。但是,对时的时候,必须考虑电磁波通过电缆传递,带来的时间差。

这些方法,都需要对光速进行估计。

庞加莱发现,在实践中,工程师和天文学家下意识地都是把真空中的光速作为常数来考虑,并依靠力学定律和电磁学的定律来修正和校准时间。

所以,庞加莱认为,时间根本没有"真"、"假"的区别。所有的时间,都是人们有意无意地依靠假设和物理定律,出于思考的方便,来确定的[6]。

在 1900 年,考虑洛伦兹的时空变换时,庞加莱提出应用光信号给运动中的钟定时。在 1905 年,庞加莱确定了洛伦兹变换的最后形式,有意识地把时间和空间联系起来[7,8]。

狭 义 相 对 论

爱因斯坦16岁曾经自己做了个思想实验,让自己以光速飞行,他察觉到电磁波被冻结在某个位置振动。爱因斯坦意识到,不管是经验直觉,还是麦克斯韦方程组,都意味着不可能看到冻住的电磁波,电磁波总在运动。他被自己的想法惊到了,便找到了韦伯教授,说自己要研究电磁波[2]。

爱因斯坦第一年高考失败,是韦伯教授认为孺子可教,鼓励他第二年重考,并允许他来旁听自己的物理课[2]。

那个时候,爱因斯坦对韦伯教授还是崇拜加感恩,进了苏黎世理工,便一头扎进韦伯教授的实验室,热情满满地做起电路实验来。后来,由于爱因斯坦大学太捣蛋;加之还跟同学嘀咕说韦伯教授不讲授"伟大的麦克斯韦的电磁波";并且违背德国人的礼貌传统,叫韦伯教授做韦伯先生,而不是教授先生……凡此种种,最后交恶。甚至韦伯教授死的时候,爱因斯坦虽已名满天下,仍恶意满满地对同学说:"韦伯的死,对苏黎世理工是好事。"[9]

我们还是说回爱因斯坦的青葱少年时光,对韦伯教授说出电磁波的理想。韦伯教授告诉爱因斯坦,这个工作,洛伦兹已经做过了,便要爱因斯坦去读洛伦兹的书[2]。

因此,爱因斯坦对洛伦兹的思想非常熟悉。

后来的故事,我们都知道了:爱因斯坦大学毕业,由于读书期间太捣蛋,尤其是得罪韦伯教授,在苏黎世理工找不到工作,待业将近一年;之后在同学的帮助下,找了份专利局调查员的工作[2]。

在专利局期间,同二三好友,搞了个读书会,号称奥林匹亚学院,尤其是阅读了马赫的《力学》、庞加莱的《科学与猜想》,为狭义相对论的提出打下了基础[2]。

现在我们就来看看爱因斯坦1905年发表的《论动体的电动力学》这篇文章的内容,看看爱因斯坦到底怎么思考狭义相对论的[10]。

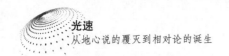

▶ 导言部分

文章开篇,爱因斯坦就举了一个浅显的例子。这个例子,是让一块运动的磁铁靠近静止的线圈,线圈电路闭合的话,就会产生感生电流;或者是让一个运动的线圈靠近静止的磁铁,闭合的线圈也会产生电流。直觉上,你马上就会感觉到,这不是一回事吗?

但是从麦克斯韦方程组看,这可不会是一回事:一个是磁场变化产生感生电场,即 $\nabla \times \boldsymbol{E} = -\dfrac{\partial \boldsymbol{B}}{\partial t}$,再由电场驱动,产生电流;一个是线圈的导体在磁场中运动,导体中的电荷随之运动,产生了电流,电流产生磁场,即 $\nabla \times \boldsymbol{B} = \mu\left(\boldsymbol{J} + \varepsilon\dfrac{\partial \boldsymbol{E}}{\partial t}\right)$,这个磁场与磁铁的磁场相互作用,由于安培力的作用(微观上,这就是洛伦兹力),反过来推动了电子运动。

而在麦克斯韦方程这种差别的背后,正是我们前面反复打交道的以太。如果没有以太,这两件事是没差别的。在实际问题的处理中,工程师也从来不考虑这种差别。关于以太的种种处理,如前所述,也非常失败。

你一定会问,爱因斯坦为啥知道这个问题的工程处理?因为爱因斯坦电路实验做得很好,毕业后还常帮助家里的生意,修理电机。当然,爱因斯坦的实验课得过 1 分,那不是他不会做,而是捣蛋,不看实验清单,把实验清单扔进废纸篓,还搞爆炸炸伤了自己的手。在物理学史上,只会理论,不做实验的物理学家,有,但是不多。正因为不多,所以不会做实验,才会成为别人的笑料。

▶ 假设与变换

不要以太了,该怎么办呢?按照安培和韦伯的思路,重新恢复超距作用,这显然不可行。电磁波被证明已经过去十几年了,赫兹的坟头草也老高了。抛弃以太的最直接思路,就是回到法拉第的"场"上来。

这是大胆的举动。我们知道庞加莱开始是反对以太的,现在都掉到以太的概念中了,爱因斯坦却反其道而行之。

反其道而行之并不够,爱因斯坦最为天才的突破在于,认为光速在真空中(而不是在以太中)恒定。

这个假设,庞加莱靠近过,而且是如此之近,但是就是没有捅破那层纸;马赫从概念上完全解决了,但是在马赫的心中,以太还是存在的[4]。

紧接着,爱因斯坦又引入相对性原理,作为第二条假设。这一条没有什么特别的,从洛伦兹开始就是这么干的。所谓相对性原理,就是指,不管你是从线圈的立场,还是从磁铁的立场,观察到的电磁效应应该是一样的。这个理论被爱因斯坦稍稍扩大了些。爱因斯坦说,不论你在哪个参照系观察,看到的物理规律总是不变的,牛顿定律还是牛顿定律,麦克斯韦方程组还是麦克斯韦方程组。

但是爱因斯坦对这些参照系作了限定,那就是它们都只能做匀速直线运动,也就是所谓的惯性系。

这两条假设怎么用呢?

爱因斯坦先从光钟下手,只是爱因斯坦比庞加莱讲得形象得多。

爱因斯坦在专利局上班,每天都从火车站走过,对站台、火车和车站的钟,再熟悉不过,而且他在专利局审查的一项专利,就是车站之间时钟的校准。所以,爱因斯坦的光钟,是从火车站台开始的。我呢,在下面发挥了一下,比爱因斯坦又更形象些。

如果站台有两个点 A 和 B,各有一个一模一样的钟,我们怎么把它们的时间对准呢?可以先测一下两个站点的距离 l_{AB},我们用欧式坐标 XYZ 来表示站点的位置,A 取在坐标原点,B 在 A 的右边,坐标为 $(X_B, 0, 0)$;让光信号在时刻 t_A 从 A 点出发,在 t_B 到达 B 点,而后在 $t_{A'}$ 返回 A 点。在光速恒定为 c 的假设下,有

$$t_B - t_A = t_{A'} - t_B = l_{AB}/c = X_B/c \tag{11-1}$$

让两个钟来回传递光信号,并考虑扣掉时差,理论上两个钟就完全对准了。

现在再考虑有列车停靠站台,在 A,B 两点正好列车上也对应的两点,分别有两个钟 C 和 D。我们把钟 C,D 和钟 A,B 分别调整到时间一样。

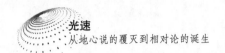

现在我们让火车突然启动，然后以速度 v 向着 X 轴的正方向运动。假设火车是突然启动的，启动的时间忽略不计。

如果我站在站台上 A 钟的位置，并以时钟 A 来计时，观察到列车上在时刻 t_C 从钟 C 发射出光波，在时刻 t_D 光到达钟 D，碰到一面镜子返回，在时刻 $t_{C'}$ 返回到时钟 C 处。我会得到多长的往返时间？考虑到光波总是以速度 c 往返（注意，这个速度是恒定的，不会叠加上钟的运动速度），而钟 C 和 D 又以速度 v 向前运动，所以我们可以得到如下结果：

$$t_D - t_C = l_{AB}/(c-v) \tag{11-2}$$
$$t_{C'} - t_D = l_{AB}/(c+v)$$

所以，总的用时为

$$t_{C'} - t_C = \frac{2l_{AB}}{c(1-v^2/c^2)} \tag{11-3}$$

如果你坐在车上，以时钟 C 计时，你会观察到在时刻 τ_C 光离开 C 钟，在时刻 τ_D 到达反射镜返回，在时刻 $\tau_{C'}$ 返回。由于你和火车保持相对静止，所以参考式(11-1)，有

$$\tau_D - \tau_C = \tau_{C'} - \tau_D = l_{AB}/c \tag{11-4}$$
$$\tau_{C'} - \tau_C = 2l_{AB}/c \tag{11-5}$$

比较式(11-3)和式(11-5)，就会发现，你在车厢内观察到的整件事经历的时间要短一些，而在我看起来，整件事经历的时间要长一些。"山中方一日，世上已千年"。你当了把神仙，我则是凡人。在我看来，你的动作全是慢动作，这个现象，我们叫"时间膨胀"。在我这个凡人看来，你的钟比我的钟慢，这个效应，叫"钟慢效应"。

那还有菲茨杰拉德、洛伦兹引入的"长度收缩"吗？

有。

爱因斯坦采用了迂回的方式引入"长度收缩"。

为了让这个想象过程变得清晰简单一些，我们假设列车自身带有一套欧式坐标 xyz，而且坐标原点在 C 钟处，坐标的 x 轴和站台的坐标的 X 轴

重合;在运动过程中,y,z 轴与 Y,Z 轴分别平行。

在运动中的某个时刻,你沿着 z 轴打一束光,你会察觉到,光一直以速度 c 垂直往上。在我看来,光点总是贴着你的 z 轴以速度 c 前行,所以光是向斜上方走的。我进一步推测,你应该感觉光速是 $\sqrt{c^2-v^2}$。但是,你依然会觉得光是以速度 c 前行,这是怎么回事? 于是,我再进一步推测,是因为你的世界里,尺子变短了,所以慢了的光速配上你短了的尺子,你得到了不变的光速 c。

这样,爱因斯坦就引入了"长度收缩"。这是一个"你的尺子变短"的效应,所以也叫"尺缩"。

通过一些数学技巧,爱因斯坦得到了两个系统之间的时间和空间的转换关系。如果把列车启动后那一刻的时刻记为 0 时刻,即 $t_A=t_C=\tau_C=0$,可以得到如下转换关系:

$$\tau=\beta(t-vX/c^2) \tag{11-6}$$

$$x=\beta(X-vt) \tag{11-7}$$

$$y=Y \tag{11-8}$$

$$z=Z \tag{11-9}$$

式中,$\beta=\dfrac{1}{\sqrt{1-v^2/c^2}}$。

这个变换是洛伦兹从 1892 年开始,逐步修改,到 1905 年成型,由庞加莱写成的。爱因斯坦的变换的推导,虽然遵循了不一样的前提,但都是以洛伦兹的工作为基础的。所以,后来所有的人,包括爱因斯坦本人,都称这个变换为洛伦兹变换。

这里,我需要补充说明以下几点:

(1)我站在站台上观察,处于静止的观察系,所以叫静止系;你坐在火车上,处于运动状态,所以你的观察系是动系。这种动静划分,是相对的,根据具体问题不同而不同。在处理具体问题的时候,动静划分往往容易让人绕昏头,所以很容易出错。在不熟悉的时候,你最好像我一样,搞个站台和

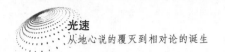
火车,先划分好,再作运算。

(2) 从式(11-6)可知,时间是跟位置相关的,在静止系观察认为不同地点同时发生的事,在运动系看来,则不同时。反之亦然。这就是从洛伦兹到爱因斯坦都要讨论的概念——时间的同时性。

(3) 从式(11-7)可知,位置的确定,跟时间是紧密相关的。结合式(11-6)、式(11-7),可知,空间和时间不再独立,时间和三维空间合起来称为四维时空。在四维时空中,如果两个事件坐标位置差(Δx,Δy,Δz)或(ΔX,ΔY,ΔZ),发生的时间间隔为 $\Delta\tau$ 或 Δt,总是有

$$\Delta x^2 + \Delta y^2 + \Delta z^2 - c\Delta\tau^2 = \Delta X^2 + \Delta Y^2 + \Delta Z^2 - c\Delta t^2 \quad (11-10)$$

这是后来闵科夫斯基(Hermann Minkowski,1864—1909)提出四维时空的基础公式。有非常多的人不理解"时空"的概念,此处略作说明。

▶ 麦克斯韦方程组的变换

爱因斯坦处理麦克斯韦方程组的变换过程,和洛伦兹大同小异。如果你去读爱因斯坦的原文,要注意爱因斯坦比较规范地使用了高斯单位制,这一点和洛伦兹的早期论文有很明显的差别。

变换过程此处从略。

变换的结果罗列如下:

$$E_x = E_X, \ E_y = \beta\left(E_Y - \frac{v}{c}B_Z\right), \ E_z = \beta\left(E_Z + \frac{v}{c}B_Y\right) \quad (11-11)$$

$$B_x = B_X, \ B_y = \beta\left(B_Y + \frac{v}{c}E_Z\right), \ B_z = \beta\left(B_Z - \frac{v}{c}E_Y\right) \quad (11-12)$$

这个转换结果足以解释导言中磁铁和电磁线圈的电磁感应情况。如果是磁铁不动,线圈动,从线圈的角度看,线圈中的感应电场,需要包括磁铁周围的磁场 B_Y 和 B_Z 变换而引入的电场 E_y 和 E_z,可以驱动线圈内电子运动,产生电流;如果线圈不动,磁铁动,变化的磁场产生感生电场,驱动线圈内电子,产生电流。

▶ **质量-能量关系**

牛顿在《光学》一书的"第 30 个问题"中问道:"普通物质和光不是相互转换的吗?物体不是吸收了光的微粒的运动,并把它们转化成自己的组成部分了吗?"

从牛顿开始,不断有人讨论物质内部的能量和质量的转换关系,并且在 19 世纪末已经开始使用含有" mc^2 "的项来讨论[11]。

爱因斯坦在《论动体的电动力学》一文中,没有涉及这一主题。但是,爱因斯坦讨论了动系和静系上观察到的光能量的不同,得到了在动系和静系中光的能量之比:

$$\frac{1-(v/c)\cos\phi}{\sqrt{1-v^2/c^2}} \tag{11-13}$$

式中, ϕ 是光传播方向与 x 轴的夹角。

在 1905 年年末,爱因斯坦发表了《一个物体的惯性依赖于其所包含的能量吗?》一文,非常巧妙地回答了质能关系问题[10]。

爱因斯坦假设在动系中有个相对动系静止的粒子,在一段时间内,作为光源,向外发光。

在静系中,粒子发光前,其能量为 E_0 ;在发光后粒子的能量为 E_1 ,则

$$E_0 - E_1 = \frac{1}{2}L + \frac{1}{2}L \tag{11-14}$$

式中, L 为光源发射电磁波携带走的总能量," $\frac{1}{2}L$ "表示粒子向正反两个方向发光,发光的能量相同。

从动系来看这一发光过程,粒子发光前的能量为 H_0 ,后为 H_1 ,则根据动系和静系中观察电磁波能量的关系,有

$$H_0 - H_1 = L\frac{1-(v/c)\cos\phi}{2\sqrt{1-v^2/c^2}} + L\frac{1+(v/c)\cos\phi}{2\sqrt{1-v^2/c^2}} = L\frac{1}{\sqrt{1-v^2/c^2}} \tag{11-15}$$

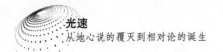
因此有

$$(E_0 - H_0) - (E_1 - H_1) = -L\left(\frac{1}{\sqrt{1 - v^2/c^2}} - 1\right) \quad (11-16)$$

对上式作展开，只保留到二阶项（什么是二阶项，对于没有微积分知识的读者，可自行查证。本书已经多次使用了这一概念，比如在菲涅耳解释光行差的时候，我们就进行了幂级数展开，保留一阶项这样的处理）：

$$(E_0 - H_0) - (E_1 - H_1) = -\frac{1}{2}\frac{L}{c^2}v^2 \quad (11-17)$$

从上式右端可以看出，这是一个动能变化，其中 $\frac{L}{c^2}$ 对应的是一个质量变化，因为不同参照系能量之差 $E-H$ 只能对应粒子的动能，而 $E-H$ 在发光前后的差，只能是动能的变化。粒子在发光前后速度没变，那只能是质量变了，即

$$L = \Delta m \cdot c^2 \quad (11-18)$$

所以，这个式子后来演变成：

$$E = mc^2 \quad (11-19)$$

表示一个物体的质量可以转化成电磁波能量的最大可能。电磁波能量也可以转化成其他的能量，所以，最后，这个公式的含义，就变成物体的质量和能量转化关系了。

这就是爱因斯坦画像上常常出现的公式 $E = mc^2$ 的由来。

亲爱的读者，至此，我们就讲完了狭义相对论的诞生过程。

爱因斯坦突破了我们的时空观。在我看来，这种突破，在物理学的历史上，只有开普勒创立万有引力的雏形，打破当时人们对完美圆形的执念，可以与之相媲美。

尾　声

▶ 庞加莱

爱因斯坦是在 1911 年的索尔维会议上见到庞加莱的。

爱因斯坦刚作完关于光量子的报告，庞加莱就问了一个极为尖锐的问题：“你的动力学在哪里？”爱因斯坦则答道：“没有动力学。”

激烈的争论就此展开。

虽然观点相左，但庞加莱是个大度的人，他还和居里夫人（Marie Curie，1867—1934）一起推荐爱因斯坦到苏黎世联邦理工学院担任教授[12]。

▶ 马赫

爱因斯坦怀着崇敬的心情，在 1911 年赴布拉格大学任教职途中，去见马赫。

相见之时，马赫便大声说：“我太老了，耳朵不行，听不清楚。”[2]

爱因斯坦希望说服马赫接受“原子”的观念。从各种信息来看，爱因斯坦极不成功。

爱因斯坦的广义相对论发表后，将文章寄给马赫。马赫没有回复。

马赫死后出版的书前言中，公开反对广义相对论，不承认相对论因自己而生。这引起了爱因斯坦极大的不满。也有一种说法，书稿原件被马赫的儿子毁掉了，使得前言的来源真假难辨[13]。

▶ 洛伦兹

在赴布拉格大学的途中，爱因斯坦见过马赫之后，专门去拜访洛伦兹。

彼此相谈甚欢。

至此后，爱因斯坦有空就会去拜访洛伦兹，洛伦兹也会专门到学校去看爱因斯坦。

洛伦兹会在桌前，边讲边在一张纸上写画。爱因斯坦会慢慢放下雪茄，起身,到洛伦兹边上,看着洛伦兹写在纸上的公式,然后拿过纸来看,一边抠着已经乱蓬蓬的头发,一边沉思。片刻之后,再提笔作答[2]。

洛伦兹就在这样的岁月里走向终老。

参考文献

［1］Isaac Newton. https：//en. wikipedia. org/wiki/Isaac_Newton.

［2］Walter Isaacson. Einstein：His life and science. New York：Simon & Schuster, 2007.

［3］Isaac Newton. Principia：Mathematical principles of natural philosophy, Trans. Bernard Cohen I, Anne Whitman. Berkeley and Los Angeles：University of California Press，1999：408－415.

［4］Ernst Mach. The science of mechanics：A critical and historical exposition of its principles. Trans. Thomas J McCormack. Cambridge：Cambridge University Press.

［5］恩斯特·马赫. 能量守恒原理的历史和根源. 李醒民,译. 北京：商务图书馆,2015：i－ix.

［6］Henri Poincaré. The measure of time in：The foundations of science (The value of science). Trans. George Bruce Halsted. New York：Science Press,年份不详：222－234.

［7］Poincaré H. The theory of Lorentz and the principle of reaction. Trans. Steve Lawrence. Archives nèerlandaises des Sciences exactes Et naturelles，Series 2, 1900，5：252－278.

［8］Henri Poincaré. On the dynamics of the electron (1905) (Sur la dynamique de l'électron). Trans. Wikisource. Comptes Rendus de l'Académie des Sciences，t. 140：1504－1508.

［9］卢昌海. 爱因斯坦与他的大学教授韦伯. 返朴,2021－02－23. https：//mp. weixin. qq. com/s/EfB066AlpmOkdc2JWjnDjQ.

［10］Lorentz H A, et al. The principle of relativity：A collection of original memoirs on the special and general theory of relativity. Tran. Perrett W, et al. London：Dover Publication,Inc. ，1952.

［11］Mass-energy equivalence. https：//en. wikipedia. org/wiki/Mass％E2％80％93energy_ equivalence.

[12] Peter Galison. Einstein's clocks, Poincare's maps: Empires of time. New York: W. W. Norton & Company, Inc. 2003: 276 - 279.

[13] Gerald Holton. Mach, Einstein, and the search for reality. Historical Population Studies, 1968, 97 (2): 636 - 673.

12 终 章

一

亲爱的朋友,谢谢你和我一起,顺着历史的河流,观看两边岸上磊磊石岩,倾听遥远空中阵阵风铃。

你一定还有不少疑问。比如,广义相对论是怎么回事? 时空为啥会弯曲? 有超光速现象吗? 这些问题,当然有趣,不过已经脱离了故事的范围,也需要更专门的知识背景,才能理解。

对于广义相对论,光速恒定已经退为一种知识背景,真正的理解困难则是来自非欧几何,所以现在没有必要违背学习知识的循序渐进原则,非要搞清楚弯曲时空是什么。

也许还有在别人看来比较浅显的问题困扰着你。比如,双生子佯谬就很烧脑。说是有一对双胞胎,哥哥坐着飞船去宇宙转一圈回来,到底是哥哥年轻还是弟弟年轻? 当然,你一般知道答案,是哥哥年轻。但是,为什么? 按照相对论的原理,不是谁都看对方的时钟变慢了吗? 如果不了解闵科夫斯基的时空图,而去看各种参考书或科普书,只会越看越乱,也搞不清科普讲了啥。所以,我能说的,是你最好去看教材,而不是听每个人跟你科普一遍。一个简单的提示是,以有速度变化的体系为静止系来画时空图,光的速度大小不会变化,但是方向却会变化,即,光不再走直线,而是会弯曲或者转折;但是,对于做匀速直线运动的体系而言,光在时空图上永远走直线。

220

虽然很少有人告诉你超光速的实验,但是超光速现象非常早就有人观察到了。在 X 光波段,大多数玻璃材料都会出现超过 c 的相速度[1]。但是,这些知识涉及《信号与系统》这类通信专业的课程。就是一个物理系的学生,如果没有学习过这类课程,或者学时没有深入理解,也不见得完全弄得明白。

至于其他的一些超光速的种种实验和问题,也都有专门的知识背景,不可能泛泛而谈。

如果,你读完此书,依然觉得有点迷糊,满眼都是星星,满脑子都是嗡嗡,需要把光速恒定的事从思想上再掰扯一遍。那我只能回答,这不过是 100 多年前的学问,你犯不着跟古人较劲。你完全可以接着质疑,但得真正去了解工程师们如何使用相对论来修正 GPS 的校时,如何利用相对论条件下的多普勒公式来计算激光光谱。物理学不是数学,它本质上是门实验学科。没有那么多人关心纯粹的思辨。可以解释实验、给出较准确的预测,指导工程设计,就是好理论了。

二

一本讲光速的书,自然要总结一下真空中光速测量的方法和精度[2]。

第一种方法,是通过天文数据,根据光行差推算光速。这种方法的好处是可以利用天文尺度,并且有一个相对简易的办法获得真空环境。由于天体本身的尺寸大,运行轨道影响因素多,所以这种测量精度不高。

第二种方法,是利用齿轮或者转镜,直接测光的飞行时间。这种方法从傅科和菲索开始,不停有人改进。在 1930 年前后,迈克耳孙等测得的光速是 299 796 ± 4 km/s。

第三种方法,是测量真空介电常数和真空磁导率,利用电路实验来推算光速。1907 年,罗萨(Rosa)和多尔西(Dorsey)测得光速是 299 710 $\pm$ 30 km/s。

第四种方法,是继续发展赫兹的思路,测量电磁波的驻波。1950 年,艾

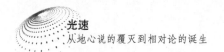

森(Essen)和高登史密斯(Gordon-Smith)利用微波空腔测得的光速是
299 792.5±3.0 km/s。

第五种方法,在迈克耳孙干涉仪上,利用高精度光源,测定并计算光速。
1972年,埃文森(Evenson)等人利用激光作为光源,测定的光速为 299 792.456 2±
0.001 1 km/s。

1983年,17届国际计量大会根据相对论的理论,结合光速实验的测量结
果,将光速定义为一个基本的计量基准,直接定义光速为 299 792.458 km/s。

三

"人的正确思想是从哪里来的? 是从天上掉下来的吗? 不是。是自己
头脑里固有的吗? 不是。人的正确思想,只能从社会实践中来……人们的
社会存在,决定人们的思想。"

没有大航海时代,就没有经度测定的迫切需求,就没有木卫蚀的细致观
察,罗默就不会以光速解释木卫蚀的周期变化。

没有日心说和地心说的争论,就不会去观察恒星的视差,布拉德利就不
会提出和测定光行差。

没有光的波动说和粒子说的竞争,就不会有光行差实验的新解释,不会
有菲涅耳和斯托克斯的理论,不会有傅科和菲索的实验,更不会有迈克耳
孙-莫雷实验。

没有测量大地磁场分布的需求,就不会有电磁场单位的统一,就不会有
电磁场传播速率的测定,就不会有麦克斯韦的电磁波的理论预言、赫兹的电
磁波验证实验。

没有以上这一切,就不会有洛伦兹的变换,也不会有相对论的诞生。

人们喜欢英雄,爱造神。"天不生牛爱,万古如长夜。"

如果这种喜爱,仅仅是停留在"马中赤兔,人中吕布"、"隋唐李元霸是第
一条好汉"的排位游戏中,属于闲来吹牛,我很愿意陪你张飞杀岳飞,杀个满
天飞。

而去看真实的历史,所有的思想和理论进步,都是在前人的思想和实践基础上,在当时的时代背景下,跨出的极为微小和谨慎的一步。并且,这一步,往往伴随着激烈的竞争。

这世上没有神。

科学是老老实实的事,是勤勤恳恳的事。那些夸大的宣传,什么某某才华横溢,解决了多少多少年的难题,攻克了几百年的堡垒之类;少年英雄走来就把历史上的定律一律推翻,打得当世高手满地找牙,俯首称臣之类……听听就好。

四

总有人会告诉你,某某某创造的理论,是不可怀疑的;你几斤几两,想动摇什么? 现在这个理论很精确了,算到了小数点后几位,跟实验都完全对得上。

诚然,随着时代的发展,科学家已经职业化,并且分工越来越细,一个人的力量也越来越微弱。

但是,科学的基本精神,从来都没有发生变化。

那就是"怀疑"。

没有任何理论,可以被奉为金科玉律。

当时认为错的东西,也许几十上百年后,又要翻盘。

本书中,波动学说代替粒子学说,就是典型例子。先是牛顿的微粒说胜过波动学说;到托马斯·杨和菲涅耳,波动光学又反转过来。再后来,波粒二象性的提出,使得单纯的微粒说或波动说都站不住脚了。

另一个例子,是被抛弃的以太。这个概念,不止一次地跳出来,被人们反复琢磨过。现在的电子理论,很有点以太理论的翻版味道,电子一会儿从真空中跳出来,又回到真空中去。所谓"真空不空",即是此意。

而理论的解释力,往往参照一类实验提出来,小数点后几位并不一定就对的。比如菲涅耳的以太理论,解释水平就在小数点后 4 位,最后被小数点后 8 位的迈克耳孙-莫雷实验推翻（至于为什么是后 4 位、后 8 位，可在本书内找有关的理论和实验，并去阅读相关的文献）。

五

科学家的日子，和普通人没有什么不同，人生总是起起伏伏。

我们总是看到牛顿风光无限，死后得入西敏寺，神圣无比；又或者是开尔文男爵，生前富贵辉煌，兄弟都得爵位，死后伴在牛顿墓旁。

但是，我们忽略了伽利略软禁终老；开普勒为去向皇帝讨薪，病故于客栈；法拉第晚年，往往没有收入来源；亥维赛总与人争执，而常常陷入贫困……

但是，抛却这些荣辱贫富，科学却能带给我们真实的灵魂安慰。

所以，朋友们，在这本书里，让我用牛顿《光学》结尾的一段话，向你们道别：

"那些自然哲学告诉我们的东西——原初的推动，他赐予我们的利益，他给予我们的力量，我们对他的责任，我们彼此间的责任——皆由自然的本性而昭示。"[3]

参考文献

[1] Faster than light. https://en. wikipedia. org/wiki/Faster-than-light.

[2] Speed of light. https://en. wikipedia. org/wiki/Speed_of_light.

[3] Isaac Newton. Optiks: a treatise of inflections, infractions, inflections and colours of light. 3rd Edition, London: William and John Innvs, 1721: 381.

# 后记

一

王体辉编辑欲策划关于物理与物理学家的故事的系列丛书,以启迪和激励后学。经李轻舟编辑介绍,笔者参与其中。笔者即在原科学网未写完的连载《光速》基础上,重著章节。历时两年,诸多辛苦。在王体辉编辑的坚持下,书稿终得付梓。

二

成书过程中,在多个微信群中讨论书中诸多图文细节。这些讨论,为本书写作提供了大量的帮助。尤其是在绘制库仑实验的实验图时,由于群友对图片的美观程度的兴高采烈的评论,使我不得不多次重画,以致发现了自己在写作中的理解问题,避免了一次失误。

在由华盛顿大学钱纮教授发起、湖南大学刘全慧教授主持的介观热力学微信群中,讨论书中相关内容,引起了伦斯勒理工学院杨英锐教授和犹他大学吴咏时先生的注意,私下有了更多的交流理解。由此,笔者也荣幸请到吴先生这样的大家作序。

三

书稿初毕,请 8 位师友审读,他们提出了如下宝贵建议:

(1)《大学科普》李轻舟编辑对全文逐字校订,特别仔细检查了儒略历和格里高利历的不同引出的问题,地心说和开普勒学说的观察差异问题,并规范了诸多名词。

(2)中国科学院半导体所姬扬研究员通篇细读,对诸多实验的细节提出了自己的修改意见。作者以此意见,对迈克耳孙-莫雷实验做了大篇幅改动。

(3)乔治敦大学吴建永教授提出了增加章节导读的意见。

(4)东华盛顿大学李宁教授提出了为每位人物增加生卒年月的意见。

(5)华盛顿大学钱纮教授提出了语言叙述风格宜更适合于各年龄段阅读者的意见。

(6)华南理工大学陈熹教授提出了增加洛伦兹理论变换的变化过程对应的实验的意见。

(7)华南理工大学文德华教授提出了正午时太阳影子的有关疑问,使得一个重要的描述细节得以更正。

(8)华南理工大学张向东教授逐条审查了相对论部分的公式,并提出了令公式书写更美观的意见。

四

华南理工大学物理实验中心提供了部分图片,丰富了本书的内容。

五

临近出版,恰逢复旦大学金晓峰教授发布视频,探讨相对论诞生过程中,庞加莱贡献诸事宜。通过与金晓峰教授、吴咏时先生、姬扬研究员的交流,笔者决定维持本书的相关写作内容,理由如下:

(1) 相对论诞生过程中的各人贡献的问题,素有争执。书中的描写,是片段式的,已经避开了相关问题。所以这一争执对本书的内容不构成影响。

(2) 至少在国内,对爱因斯坦的宣传是有夸大成分的,而对庞加莱的贡献则明显有所忽略。所以在本书中,对洛伦兹到庞加莱的思想理论演进过程,给了足够的篇幅。本书在梳理科学史的基础上,尽量取科学史家的共识部分,对庞加莱的主要贡献作出介绍。

(3) 关于爱因斯坦 1905 年论文未提供参考文献一事,就笔者看来,当时对参考文献并无明确的规范要求,而爱因斯坦引用的理论、观点和实验,当时都极为流行。爱因斯坦是否需要提供参考文献,是两可的事。本书的内容也未涉及参考规范的问题,同时本书又介绍了相对论诞生的相关背景,所以书中不需补充更多内容。

六

(1) 在与金晓峰教授的探讨中,得知爱因斯坦原文中运动电荷的横向质量的公式与庞加莱和洛伦兹的公式不同。而庞加莱的公式更合于相对论后来的发展。而洛伦兹的结果,是由运动电荷的实验而凑出的,有点儿碰巧;但是如果利用庞加莱提出的洛伦兹群的思想,结果则清楚简洁。庞加莱把有相对运动的坐标系间动力学矢量的转换关系,都变成了一个四维伪欧氏空间(x, y, z, ict)的旋转,而且这一关系也渗入到运动电荷质量、电荷密度等参量中。有兴趣的读者可以参看金晓峰教授发表于《物理》51 卷

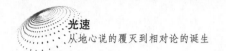

光速
从地心说的覆灭到相对论的诞生

(2022年)第4期的文章《庞加莱的狭义相对论之二：物理学定律的对称性》，也可以进一步参考金晓峰教授发表于《物理》关于这一主题的其他文章。

（2）关于托马斯·杨反对粒子说的演讲中引证的光压实验的文章，笔者未能搜索到，只能照录托马斯·杨的结果。

（3）关于奥斯特发现动电生磁时正在重复的富兰克林的实验，笔者未能搜索到，只能照录参考文献的说法。

七

老父亲毕业于重庆大学，一生从事工程工作。今年八十七，视力模糊。在写作本书过程中，笔者曾向老父亲诵读书中内容。老父亲甚是赞许。并言："有一日，某个少年，读此书而受激励，并从事物理工作，当为幸事。"

吴咏时先生毕业于北京大学。年轻时曾研习相对论的大量资料，学养深厚。在改革之初，得以接触杨振宁先生等名家，并潜心治学，建树颇多，在国际物理学界享有盛名，为美国物理学会会士。吴先生中年移居美国，任教于犹他大学，今年八十一。应晚辈请，虽报微恙，亦欣然作序。并言："物理文化建设，是当作之事。"

前辈殷殷之情，令人感动。

八

祖父曾担任滇缅铁路地亩，兼李根源先生私人秘书。日寇入侵滇西，时年六十三岁的李根源先生驻太保山上一破庙中，指挥抗敌。祖父随工程处后撤，前往破庙拜谒，劝李老后撤。李老誓言，与家乡国土共存亡。

念我山川,几曾倾覆,先辈热血,拱卫文明。

作文明承传之书,当献与先辈,望激励后来。

是为记。

(书中部分实验配有动画演示,感兴趣的读者可以联系编辑获取。Email:tihuiwang@
163.com)

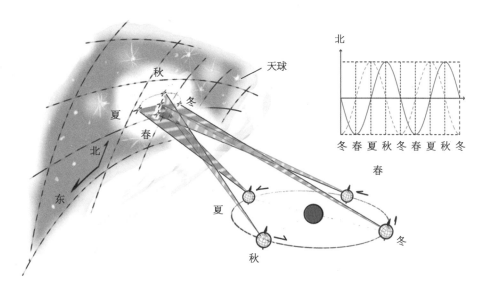

图 5‑9　光行差引起的星体观察情况

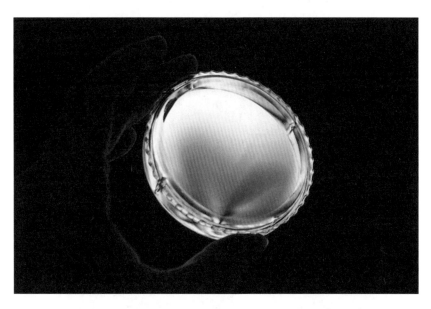

图 6‑15　颜色偏振(塑料由于应变引起的双折射而产生的颜色偏振现象。图片源自 http://en.wikipedia.org/wiki/File：Birefringence_Stress_Plastic.JPG，CC BY-SA 3.0)

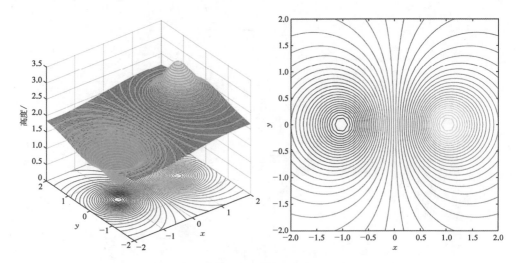

图 9 - 3 等高线示意

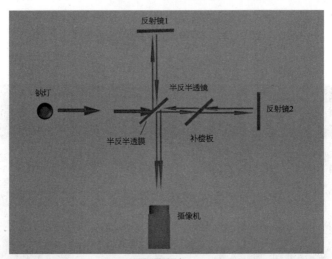

原理平面示意

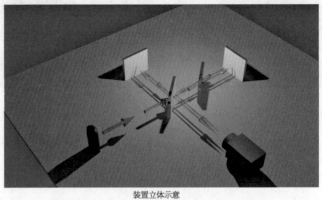

装置立体示意

图 10 - 3 迈克耳孙干涉仪的原理与装置